AF827044

Besonderheiten der wissenschaftlichen Forschung

Vadim Nikolajew

THEORIA CUM PRAXI

AKADEMIE-VERLAG · BERLIN

V. Nikolajew

Besonderheiten
der wissenschaftlichen Forschung

Vadim Nikolajew

Besonderheiten der wissenschaftlichen Forschung

AKADEMIE-VERLAG · BERLIN
1974

Erschienen im Akademie-Verlag, 108 Berlin, Leipziger Str. 3—4
Copyright 1974 by Akademie-Verlag, Berlin
Lizenznummer: 202 · 100/51/74
Lektor: Dieter Graf
Gesamtherstellung: IV/2/14 VEB Druckerei »Gottfried Wilhelm Leibniz«,
445 Gräfenhainichen · 4152
Umschlaggestaltung: W. Schünke
Bestellnummer: 752 346 6 (6124) · LSV 0305
Printed in GDR
EVP 8,–

Inhaltsverzeichnis

Einleitung 7

1. Zum Gegenstand der wissenschaftlichen Forschung 15

2. Der Forscher 26

3. Das Instrumentarium 45

4. Zum Verhältnis von Produktivkräften, Praxis und Wissenschaft 54

5. Zu einigen ökonomischen Problemen der wissenschaftlichen Forschung 78

5.1. Die allgemeine Darstellung von ökonomischen Beziehungen in der wissenschaftlichen Forschung 78

5.2. Inputs 79

5.2.1. Die personelle Komponente 79

5.2.2. Die materielle Komponente 86

5.2.3. Das Zielprinzip bei der Meisterung des wissenschaftlich-technischen Fortschritts 88

5.2.4. Ziele für die Sicherung der inneren Entwicklung der Wissenschaft (Grundlagen- bzw. theoretische Forschung) 94

5.2.5. Ziele für die Durchführung der auf bestimmte aktuelle Bedürfnisse bezogenen Forschung 97

5.3. Prozeß der wissenschaftlichen Forschung 105

5.4. Outputs 109

5.5. Anwendung 114

Schlußbemerkungen 123

Literaturverzeichnis 125

Einleitung

Die auf dem XXIV. Parteitag der KPdSU und auf dem VIII. Parteitag der SED gestellte Hauptaufgabe, die gewaltigen Ausmaße der in dem Komplexen Programm des RGW festgelegten sozialistischen ökonomischen Integration und die Beschleunigung des wissenschaftlich-technischen Fortschritts erfordern eine neue Qualität der allseitigen wissenschaftlichen Durchdringung komplizierter und komplexer Prozesse der gesellschaftlichen Entwicklung.

Es geht darum, „die Errungenschaften der wissenschaftlich-technischen Revolution organisch mit den Vorzügen des sozialistischen Wirtschaftssystems zu verbinden ...“[1], heißt es im Rechenschaftsbericht an den XXIV. Parteitag der KPdSU.

Die heutige Welt ist in zwei entgegengesetzte gesellschaftliche Systeme geteilt. Während im Sozialismus die Wissenschaft dem Wohle der Menschen dient, ist sie im Kapitalismus der Realisierung des Zieles der Produktion, dem Profit mit allen immanenten Widersprüchen desselben, untergeordnet. Darüber hinaus versucht der staatsmonopolistische Kapitalismus, durch die Förderung bestimmter Richtungen der Wissenschaft seine Krisenlage zu verbessern, Errungenschaften der wissenschaftlichen Forschung als Kampfmittel gegen das sozialistische Weltsystem zu benutzen. Deshalb erlangt die Entwicklung der Wissenschaft eine wichtige internationale Bedeutung. Sie wird zu einer Schlüsselfrage in der Auseinandersetzung der zwei entgegengesetzten gesellschaftlichen Systeme. „Man kann ohne Übertreibung sagen, daß heute gerade auf dem Gebiet des wissenschaftlich-technischen Fortschritts eine der Hauptfronten des so außerordentlich bedeutsamen Wettstreits der beiden Systeme verläuft.“[2]

1 Brežnev, L. I., Rechenschaftsbericht des Zentralkomitees der Kommunistischen Partei der Sowjetunion, Moskau/Berlin 1971, S. 79.

2 Brežnev, L. I., Auf dem Wege Lenins, Berlin 1971, Bd. 2, S. 363.

Wie der vergangene XXIV. Parteitag der KPdSU und der VIII. Parteitag der SED deutlich zeigten und wie die darauffolgende Entwicklung erneut demonstriert, haben bestimmte Fragen der Wissenschaft an Aktualität gewonnen. Es muß hinzugefügt werden, daß die Lösung dieser Fragen, die unter anderem ihre solide theoretische Bearbeitung und Durchführung von Vorlaufforschungen voraussetzt, eine große praktische Bedeutung hat. Bekanntlich wird die gegenwärtige Entwicklung auf allen Gebieten des gesellschaftlichen Lebens durch die zunehmende Komplexität in den Beziehungen der ihnen zugrunde liegenden Prozesse gekennzeichnet.

Auf dem Gebiet der Ökonomie erlangt immer größere Bedeutung „das komplexe Herangehen an die Planung und an die Beschlußfassung über große volkswirtschaftliche Entscheidungen. Unsere volkswirtschaftlichen Aufgaben erfordern ihrem Charakter nach in der Regel koordinierte Anstrengungen vieler Zweige und Wirtschaftsgebiete und schließen die Realisierung eines ganzen Systems verschiedener Maßnahmen ein.“[3]

Kurt Hager hebt ebenfalls hervor, daß langfristige Prognose und Planung in der Wissenschaft und Technik, Produktion und gesellschaftlichen Entwicklung auf der Basis von nur naturwissenschaftlich-technischen Erwägungen nicht richtig ausgearbeitet werden können. „Es geht vielmehr um die Lösung eines großen Komplexes von politischen, sozialen, ökonomischen, geistig-kulturellen und anderen Fragen.“[4]

Die typische Wiederkehr bestimmter Probleme, die das Leben der vorigen Jahrhunderte prägte, trifft auf die gegenwärtige Situation nicht immer zu. Das Gesetz der Beschleunigung der Entwicklung der Wissenschaft, das eine enorme Erweiterung der Macht des Menschen über die Natur zum Ausdruck bringt, führt zur Herausbildung einer neuen Lage, die unter den Bedingungen der wissenschaftlich-technischen Revolution allein aus den historischen Analogien zur Vergangenheit und nur auf der Basis der bisherigen Erfahrungen und durch Intuition nicht mehr gemeistert werden kann.

[3] Brežnev, L. I., Rechenschaftsbericht . . ., a. a. O., S. 91–92.

[4] Hager, K., Sozialismus und wissenschaftlich-technische Revolution, Berlin 1972, S. 17.

Wie in den sozialistischen Ländern mit Recht hervorgehoben wird, geht es gegenwärtig nicht nur darum, von der Natur immer mehr zu nehmen, die Natur zu „bekämpfen“, sondern um eine komplexe, harmonische Gestaltung der wechselseitigen Beziehungen Mensch – Natur, die wiederum nur auf wissenschaftlicher Basis möglich ist.

Neue Situationen charakterisieren auch die sozialen Entwicklungen in der Welt sowie die gesellschaftlichen Beziehungen in den sozialistischen Ländern, die ebenfalls komplex wissenschaftlich erforscht und beherrscht werden müssen.

Bei der Lösung zahlreicher bereits aufgeworfener Aufgaben, die die Meisterung des wissenschaftlich-technischen Fortschritts einbeziehen, werden wir mit der Notwendigkeit der Beherrschung von komplexen Zusammenhängen und Wechselwirkungen in der wissenschaftlichen Forschung konfrontiert.

Die Beherrschung der Komplexität[5], die auch eine erkenntnistheoretische sowie technische Seite hat, ist als Problemstellung so umfassend, daß im Rahmen dieser Arbeit bestimmte Einengungen vorgenommen werden müssen und daher nur einige Aspekte der Beherrschung der Komplexität erläutert werden können.

Dazu gehört zunächst die ganzheitliche Betrachtung der Wissenschaft als besondere Form der Widerspiegelung der objektiven Wirklichkeit, die einerseits unter dem Gesichtspunkt ihres Gegenstandes und zum anderen hinsichtlich der ihr zugrunde liegenden ökonomischen Probleme erfolgt.

Um mögliche Mißverständnisse zu vermeiden, die sich aus solcher Problemstellung leicht ergeben können, muß darauf hingewiesen werden, daß es sich dabei um keine „absolute“ Priorität der Integration gegenüber der Differenzierung in der wissenschaftlichen Forschung handelt. Beide Prozesse bilden eine dialektische Einheit. Die Widersprüchlichkeit beider Tendenzen bringt in die Wissenschaft Bewegung. Die Integration des menschlichen Wissens auf einem höheren Niveau

[5] „Komplexität – Eigenschaft von Systemen, die durch die Anzahl der Elemente des Systems und der zwischen den Elementen bestehenden Relationen bestimmt wird. Je größer die Zahl der Elemente und der zwischen ihnen bestehenden Relationen ist, desto höher ist der Grad der Komplexität eines Systems.“ (Philosophisches Wörterbuch, Leipzig 1971, S. 587).

setzt weitere Spezialisierung auf Teilgebieten der Wissenschaft voraus. Diese in ihrer Allgemeinheit bereits bekannten Feststellungen werfen bei ihrer konkreten Handhabung Probleme auf, die, wenn sie unberücksichtigt bleiben, auf die Entwicklung der Wissenschaft sowie die Nutzbarmachung ihrer Ergebnisse bremsend wirken können.

Bereits die Behandlung der ganzheitlichen Entwicklung der Wissenschaft in der vorliegenden Arbeit wirft das Problem der Synthese und Analyse auf. Synthese und Analyse treten bekanntlich in ihrer dialektischen Widersprüchlichkeit als Einheit auf. Auch im wissenschaftlichen Erkenntnisprozeß wirken beide Kategorien zusammen. Es stellt sich jedoch die Frage, inwieweit wir die Synthese beherrschen, wenn es um große Wissensgebiete geht. Synthese und Analyse werden in ihrer Einheit beherrscht, solange es um die Forschung auf Teilgebieten – sogar in einzelnen Wissenschaften und ihren Grenzgebieten – geht. Wenn wir jedoch das Verhältnis von Synthese und Analyse in einer höheren Aggregation betrachten, dann stellt sich heraus, daß die Synthese des Wissens nicht selten dadurch erschwert wird, daß in der bisherigen Betrachtungsweise in diesem Verhältnis oft Kriterien der Analyse sowohl bei der Abgrenzung des Untersuchungsgegenstandes als auch in seiner Erforschung dominieren. Bekanntlich wird bei der Analyse die Frage der Abgrenzung durch ein immer tieferes Eindringen in Einzelprobleme gelöst, durch Behandlung möglichst weniger angrenzender Probleme, allseitige Bezeichnung des Gegenstandes, das heißt dadurch, daß ein exakt abgestecktes Problem möglichst tief und vollständig untersucht wird. Dies führt dazu, daß im wissenschaftlichen Erkenntnisprozeß Analyse und Spezialisierung auf einem Teilgebiet weiter vorherrschen, unabhängig davon, wie die Bedeutung der Synthese des Wissens unter anderem durch die Integration der Wissenschaften betont wird.

Die Abgrenzung des Untersuchungsgegenstandes und die Kriterien seiner Erforschung bei der Synthese großer Gebiete heterogenen Wissens sind im Vergleich zur Analyse offensichtlich noch unzureichend ausgearbeitet. Es muß an dieser Stelle nur darauf hingewiesen werden, daß bei der Synthese in diesem Falle die ganzheitliche Auffassung und nicht das Detail für primär gehalten wird. Dies erfordert eine sehr differenzierte Abgrenzung und wirft viele schwierige Probleme bei der Beurteilung des Erfolges der Synthese auf, da auf Vollständigkeit der Aussagen und Tiefe der Untersuchung als typische Kriterien der Analyse verzichtet wird und damit auf die Möglichkeit, dies oder jenes besser zu kennen, zu vertiefen, zu dem bisher Gesagten noch etwas hinzuzufügen usw.

Gleichzeitig muß hervorgehoben werden, daß die ganzheitliche Betrachtung einer Aufgabe, die zwangsläufig dazu führt, daß bei der Abgrenzung eines Untersuchungsgegenstandes die Kriterien der Abgrenzung in der Synthese in den Vordergrund gestellt werden müssen, von erstrangiger Bedeutung ist. Ausgehend von bisherigen Erfahrungen scheinen bei der Abgrenzung und Bearbeitung eines Untersuchungsgegenstandes in der Synthese das Kriterium des einheitlichen Maßstabs (Strukturierung des Materials nach Aggregationsstufen der wissenschaftlichen Erkenntnisse) und die Kriterien der Aktualität und des Bekanntseins der Probleme besonders wichtig zu sein.

Wenn bei der Forschung das Kriterium des einheitlichen Maßstabs unberücksichtigt bleibt, werden Proportionen und Größenordnungen verschoben.

Die Vernachlässigung der beiden anderen Kriterien führt zu einer lawinenartigen Ausweitung des Informationsumfangs, so daß ein „point of no return" erreicht wird, von dem an die effektive Beherrschung des Materials nicht mehr möglich ist.

Quantitative und qualitative Entwicklung der Wissenschaft in der modernen Gesellschaft wird seit langem durch eine umfangreiche interdisziplinäre Forschung in den entwickelten Industrieländern der Welt untersucht.

Zunehmende Bedeutung der wissenschaftlichen Forschung, rapide steigende Aufwendungen, auffallende Erweiterung der quantitativen Parameter der wissenschaftlichen Forschung (zum Beispiel Information) und schnelles Wachstum der Beschäftigtenzahlen haben – um nur einiges zu nennen – manchen Forscher derart fasziniert, daß hinter der Statistik und den äußeren Erscheinungsformen der wachsenden Rolle der Wissenschaft ihre wichtigen inneren Wesenszüge nicht selten unterschätzt werden. Dabei sind Kenntnis und Berücksichtigung dieser Wesenszüge der Schlüssel zur weiteren Steigerung der Produktivität der wissenschaftlichen Forschung und zur Erhöhung der Qualität ihrer Ergebnisse, das heißt, in der Wissenschaft selbst liegen noch große innere Effektivitätsreserven, die erschlossen und in den Dienst der Erfüllung der Hauptaufgabe gestellt werden müssen.

Ohne die Bedeutung der Untersuchung von quantitativen Parametern zu mindern, die die gegenwärtige Entwicklung der Wissenschaft charakterisieren, oder die steigende Rolle des formalen Apparates der Erforschung irgendwie in Frage zu stellen, wurden in der vorliegenden Arbeit qualitative Aspekte der wissenschaftlichen Forschung in den Vordergrund gestellt. Wie bereits gesagt, beeinflussen sie die Intensivierungsprozesse im starken Maße.

Dies sind die Fragen, die gegenwärtig zum Beispiel in der UdSSR und in der DDR zunehmende Beachtung der Wissenschaftler finden. Das ist kein Zufall. Die Bedeutung der Qualität der Ergebnisse der wissenschaftlichen Forschung, die weitere Erschließung ihrer großen inneren Reserven mit dem Ziel, die „der wissenschaftlich-technischen Revolution innewohnenden Möglichkeiten in den Dienst des Sozialismus zu stellen ...“[6], wurden auf dem XXIV. Parteitag der KPdSU und auf dem VIII. Parteitag der SED hervorgehoben. Bis heute hat dies an Aktualität nichts eingebüßt, sondern im Gegenteil gewonnen.

So wurde auf dem VIII. Parteitag der SED hervorgehoben: „Unsere Partei hat sich mit Wissenschaft und Forschung stets gründlich befaßt. Für die Forschung arbeiten eine große Zahl gut ausgebildeter Wissenschaftler und Ingenieure. Ihr wurden auch beträchtliche technische Ausrüstungen zugeführt. Das wird planmäßig fortgesetzt, aber zugleich gilt es, die wissenschaftliche Produktivität zu steigern.“[7]

Viele Erkenntnisse, die in dieser Arbeit dargelegt sind, basieren auf den Erfahrungen, die im Rahmen der interinstitutionellen und interdisziplinären Forschung der Wissenschaftler und Praktiker beim Systemherangehen bzw. der Anwendung der Systemanalyse bei der Lösung von praktischen Aufgaben gewonnen wurden.

[6] Hager, K., Die entwickelte sozialistische Gesellschaft, Berlin 1971, S. 36.

[7] Honecker, E., Bericht des Zentralkomitees an den VIII. Parteitag der SED, Berlin 1971, S. 48–49.

Es hat sich erneut bestätigt, daß die interdisziplinäre und interinstitutionelle Forschung zusätzliche Möglichkeiten erschließt, mit dem vorhandenen Forschungspotential mehr an guten Forschungsergebnissen zu erzielen. Bekanntlich zeigt sich diese Art der Forschung auch für die Durchführung von internationalen Forschungsvorhaben, zum Beispiel im Rahmen des RGW, als besonders geeignet.

Als eine wichtige Hilfe erwies sich die Auswertung der Werke der Klassiker des Marxismus-Leninismus, vor allem der Arbeiten von F. Engels, „Anti-Dühring" und „Dialektik der Natur", sowie der Werke von V. I. Lenin, „Materialismus und Empiriokritizismus" und „Philosophische Hefte".

Natürlich können viele wichtige Probleme der Intensivierung der wissenschaftlichen Forschung in der vorliegenden Arbeit nur angedeutet werden. Diese Probleme sind aktuell, kompliziert und nicht selten unzureichend erforscht. Ihre qualifizierte und wissenschaftlich fundierte Bearbeitung verlangt kollektive Anstrengungen mehrerer Wissenschaftler und Praktiker. Diese Kollektivität darf sich meines Erachtens nicht nur auf die Gründung eines administrativ konstituierten Kollektivs beschränken bzw. auf einige wenige Arbeitsgänge beschränkt sein.

Eine viel effektivere und breitere Basis für die kollektive Lösung dieser Probleme scheint in diesem Fall der wissenschaftliche Meinungsstreit zu sein, „der ein unerläßliches Element der wissenschaftlichen Forschung ist" und „zum Bestandteil unserer theoretischen und geistigen Arbeit . . . als Element der Suche nach der besten Lösung" gehören muß.[8]

Bekanntlich werden in der Sowjetunion seit Jahren ebenfalls wichtige Diskussionen zu den Fragen der Erhöhung der Produktivität der wissenschaftlichen Forschung durchgeführt, die unter anderem einen ganzen Problemkeis der Erschließung von inneren Effektivitätsreserven der Wissenschaft umfassen. Die Fragestellung, auf die es letzten Endes ankommt, ist in allen sozialistischen Ländern die gleiche: Wird von den Wissenschaftlern alles getan, damit die in der Wissenschaft aufgewandten gesellschaftlichen Ressourcen den höchsten Nutzen – in den theoretischen Erkenntnissen oder in der

[8] Hager, K., Die entwickelte sozialistische Gesellschaft, a. a. O., S. 69–70.

unmittelbar praxisbezogenen Forschung – erbringen? Wie soll im weiteren das Verhältnis zwischen Wissenschaft und Praxis gestaltet werden, damit die Praxis von der Wissenschaft den größten Nutzen hat und die Wissenschaft besonders günstige Bedingungen für ihre Entwicklung durch die Praxis erfährt? Hier soll an die Worte von V. I. Lenin erinnert werden: „Dem Bündnis von Wissenschaft, Proletariat und Technik wird keine noch so finstere Gewalt widerstehen können."[9]

Meine aufrichtige Dankbarkeit möchte ich Prof. Haustein, Prof. Steinitz und Dr. Jordan aussprechen, die diese Arbeit im Entwurf gelesen und eine Reihe von wertvollen Hinweisen und Bemerkungen gegeben haben. Mein großer Dank gilt auch dem Lektor Dr. Graf für seine Unterstützung bei der Herausgabe der Broschüre. Des weiteren möchte ich mich bei den Mitarbeitern des Ökonomischen Forschungsinstituts für die kritischen Hinweise bedanken, die mir bei der Vorbereitung des Manuskripts eine Hilfe waren.

[9] Lenin, V. I., Rede auf dem II. Gesamtrussischen Verbandstag des medizinischen und Sanitätspersonals, in: Werke, Bd. 30, Berlin 1961, S. 394.

1. Zum Gegenstand der wissenschaftlichen Forschung

Es stellt sich zunächst eine Frage, die nur rein äußerlich simpel erscheinen mag. Was ist die wissenschaftliche Forschung? Oder – weitgehend eingeengt – was sind charakteristische Merkmale einer gesellschaftlich nützlichen Tätigkeit, die als wissenschaftliche Forschung bezeichnet wird?

Offensichtlich besteht ein wesentliches Merkmal der wissenschaftlichen Forschung darin, daß sie einen Vorstoß ins Unbekannte, in das Neue, bisher Unerforschte darstellt. Sie ist eine Erweiterung und Intensivierung unserer Wahrnehmungsmöglichkeiten, unserer geistigen Tätigkeit, ein Mittel zur Erforschung von Gesetzen und Gesetzmäßigkeiten in der Natur und Gesellschaft mit dem Ziel der Gewinnung von nützlichen Erkenntnissen, die bei der Umgestaltung der Wirklichkeit angewandt werden.

Die Besonderheit der wissenschaftlichen Forschung besteht demzufolge in der Einmaligkeit des Untersuchungsgegenstandes, der sich in seiner Thematik auf die Gesellschaft, den Menschen oder die Natur sowie deren gegenseitige Beziehungen und Wechselwirkungen beziehen kann. Von diesem Standpunkt ausgehend, können Entstehen und Entwicklung der Religion genauso ein legitimer Untersuchungsgegenstand für die wissenschaftliche Forschung sein wie die Spaltung der Atomkerne, um das breite Spektrum möglicher Vorstoßrichtungen ins Unbekannte zu illustrieren.

Die Bezeichnung eines der wesentlichen Merkmale der wissenschaftlichen Forschung als Vorstoß uns Unbekannte, Neue bzw. bisher Unerforschte wirft sofort viele Probleme auf, die bei der Erhöhung der Effektivität der Wissenschaft von prinzipieller Bedeutung sind.

Sicher muß dieses Merkmal von vornherein in den Rahmen eingeordnet werden, der durch die gesellschaftliche Relevanz der gestellten Probleme, durch die Anforderungen an die

Erzielung von bestimmten Forschungsergebnissen für die Befriedigung von Bedürfnissen, die Weiterentwicklung der Wissenschaft usw. abgesteckt wird. Selbstverständlich wird die wissenschaftliche Forschung nicht dazu betrieben, das Neue bzw. Unbekannte schlechthin zu erforschen (obwohl, wie wir unten sehen werden, es bei manchen Forschungsergebnissen nicht immer von vornherein klar ist, welche Bedeutung sie haben können).

Man muß auch das subjektive Element bei der Einschätzung dessen, was neu bzw. unbekannt ist, berücksichtigen. Die Ergebnisse einer Forschung können für den einzelnen Forscher neu sein oder für ein bestimmtes Kollektiv. Sie sind es aber schon nicht mehr für einen größeren Kreis, geschweige denn für einen internationalen Kreis von Wissenschaftlern.

Diese Unterscheidung des Neuen von dem bereits Erforschten und Bekannten kann in der Praxis insoweit von Bedeutung sein, als durch Vermeidung von unnötigen Wiederholungen bzw. durch die Auswertung von bereits vorhandenen wissenschaftlichen Erkenntnissen erhebliche gesellschaftliche Mittel eingespart und Zeitaufwand reduziert werden kann. Die Kenntnis des Neuen ist eine der Voraussetzungen für die Profilierung der Forschung auf verschiedenen Ebenen, für die Organisation der effektiven Zusammenarbeit im internationalen Maßstab (man denke an die internationale Zusammenarbeit in der wissenschaftlichen Forschung in den RGW-Ländern).

Wenn auch in der praktischen Tätigkeit das Neue stets ein relativer Begriff ist und seine Bestimmung einer Reihe von Faktoren unterworfen ist, so bleibt doch der internationale Erkenntnisstand als besonders wirksamer Maßstab zumindest für die Überprüfung und Orientierung der eigenen Forschung bestehen. Die Bedingung dafür, daß dies gewährleistet wird, besteht darin, daß der internationale Erkenntnisstand mit dem eigenen konfrontiert werden kann. Es sind also internationale Vergleiche erforderlich, die durchgeführt werden müssen (eine bekannte Problematik, deren Bedeutung bereits mehrmals hervorgehoben wurde). Dieser internationale Erkenntnisstand ist sicher differenziert auszuwerten. Während auf dem Gebiet der Natur- und der technischen Wissenschaften dieser Maßstab bei der Beurteilung von eigenen Ergebnissen seit langem gefordert wird, erweist sich dies in den Gesellschaftswissenschaften als viel komplizierter. Er muß sich offensichtlich vor allem auf sozialistische Länder beziehen. Gleichzeitig kann der internationale Erkenntnisstand auch daran überprüft werden, auf welchem wissenschaftlich-theoretischen Niveau die ideologische Auseinandersetzung mit den bürgerlichen Auffassungen geführt wird oder inwieweit wir zum Beispiel ökonomisch-mathematische Methoden oder andere Instrumente des modernen Erkenntnisapparates beherrschen, um unsere eigenen ökonomischen Probleme zu lösen – um nur ein Gebiet solcher Vergleiche zu nennen.

Es gibt prinzipiell zwei Möglichkeiten der Überprüfung der eigenen Forschung im internationalen Vergleich.

Die erste Möglichkeit besteht in der Konfrontation der wissenschaftlichen Forschung, die durch eigene Wissenschaftler durchgeführt wird. Es war bisher am häufigsten so daß der internationale Vergleich nur mit dieser Möglichkeit identifiziert wurde. In diesem Fall betrachten die Wissenschaftler eines Landes kritisch und selbstkritisch ihre eigenen Ergebnisse im Lichte des internationalen Standes. Bei der zweiten Möglichkeit sind es Wissenschaftler anderer Länder, die die Ergebnisse ihrer Forschung mit den Ergebnissen der Forschung des jeweiligen Landes kritisch konfrontieren. Für uns natürlich ist von erstrangiger Bedeutung, daß wir diese Quelle schöpferischer und kritischer Auseinandersetzungen der Wissenschaftler aus den sozialistischen Ländern möglichst effektiv ausnutzen. Die Probleme, die dabei zu lösen sind, gehören offensichtlich zu zwei Kategorien: Bei der ersten Kategorie muß besonders die Informationsproblematik berücksichtigt werden. Das heißt, die Wirksamkeit der Forschung in den sozialistischen Ländern kann dann erhöht werden, wenn die Wissenschaftler sich gegenseitig über ihre Ergebnisse informieren. Die zweite Kategorie der Probleme hängt mit der inneren Einstellung der Wissenschaftler zu den Ergebnissen ihrer Kollegen aus den anderen Ländern zusammen. Es muß eine Atmosphäre der kameradschaftlichen und konstruktiven Kritik geschaffen werden, in der ein offenes Wort und eine aufrichtige Meinung nicht als eine Unhöflichkeit aufgefaßt werden.

Indem das Kriterium der Neuheit bei der Beurteilung von Forschungsergebnissen als Prinzip betont wird, kann es in seiner praktischen Anwendung durch die jeweiligen konkreten Bedingungen und die Anforderungen der Praxis wesentlich modifiziert werden. Sein Gewicht kann erst im Zusammenhang mit anderen Kriterien, in Verbindung mit der gestellten Aufgabe, dem zu lösenden Problem und dem zu realisierenden Ziel, ermittelt werden.[1]

Wenn wir jedoch die Forschungsergebnisse von der Seite der wissenschaftlichen Forschung her betrachten, hat das Kriterium der Neuheit die Bedeutung eines Prinzips. Es ist dafür eine wichtige Voraussetzung erforderlich, nämlich die Bekanntmachung der Forschungsergebnisse und ihre kritische Einschätzung.

„Das Objekt aller Wissenschaft (ist) ein unendliches", zitiert Lenin J. Dietzgen in seinem Werk „Materialismus und Empiriokritizismus" und setzt diese Ausführung fort, „daß nicht nur das Unendliche, sondern auch das ‚Atömchen' unermeßlich, unauskenntlich, *unerschöpflich* ist, denn ‚die Natur ist in allen Teilen ohne Anfang und Ende'".[2]

In einem unendlichen Prozeß der wissenschaftlichen Durchdringung eines Forschungsgegenstandes kennt die Wissenschaft von sich aus keine perfekten Lösungen. Für sie ist kein Ergebnis gut genug, es ist nicht der letzte Schritt. In dem Sinne unterliegt ein Forschungsergebnis, sobald es festgehalten wird, einem moralischen Verschleiß, da der Erkenntnisprozeß der Forscher inzwischen weitergegangen ist. Da ein Forschungsergebnis sowohl in der Wissenschaft als auch in der Praxis Weiterverwertung finden muß, ist eine Art „Redaktionsschluß" – die Ableitung des Ergebnisses – unumgänglich. Dies ist einerseits einer der Gründe für das Übergewicht der Wissenschaft in dem bekannten Verhältnis Wissenschaft – Technik –

[1] Wie mit Recht hervorgehoben wird, sind die Kriterien für die Einordnung einer Tätigkeit zur wissenschaftlichen Forschung nicht streng. Es bestehen keine exakt definierten Vorstellungen über die Kriterien der „Wissenschaftlichkeit" einer Arbeit. Oft sind es Traditionen, institutionelle Zugehörigkeit der Mitarbeiter oder einfach subjektive Vorstellungen des Forschers selbst, seine Tätigkeit als wissenschaftliche Forschung zu klassifizieren. (Vgl. Ignatiev, A. N., Nauka kak ob'ekt upravlenija, in: Voprosy filosofii, 11/1971, S. 22.)

[2] Lenin, V. I., Materialismus und Empiriokritizismus, in: Werke, Bd 14, Berlin 1962, S. 260.

Produktion (W > T > P)[3]; andererseits erklärt es, warum diese Ableitungen für die Benutzung der gewonnenen Ergebnisse immer subjektive Elemente enthalten. Sie können jedoch oft durch die Gegenüberstellung von sonstigen Kriterien – wie etwa ökonomischen, politischen usw. – objektiviert werden. Dies setzt die aufgaben-, problem- und zielbezogene Betrachtung des Forschungsprozesses voraus. In diesen Fällen bleiben subjektive Elemente einer konkreten Entscheidung trotzdem erhalten, und damit auch die Verantwortung konkreter Personen, die solche Entscheidungen treffen.

Der Vorstoß der Wissenschaft ins Unbekannte, die Erforschung von Gesetzen und Gesetzmäßigkeiten in der Entwicklung von Natur und Gesellschaft ist ein ständiger Erkenntnisprozeß, eine Bewegung, eine ständige Annäherung an die absolute Wahrheit, die sich jedoch in jedem gegebenen Augenblick gleichzeitig als relativ erweist. Das Verhältnis zwischen Absolutem und Relativem, das insbesondere von Engels und Lenin untersucht wurde, hat bei der komplexen Beherrschung des wissenschaftlich-technischen Fortschritts eine prinzipielle Bedeutung.

Lenin schrieb dazu: „Vom Standpunkt des modernen Materialismus, d. h. des Marxismus, sind die *Grenzen* der Annäherung unserer Kenntnisse an die objektive, absolute Wahrheit geschichtlich bedingt, *unbedingt* aber ist die Existenz dieser Wahrheit selbst, unbedingt ist, daß wir uns ihr nähern.“[4]

Die Verabsolutierung einer dieser Seiten schlechthin wirkt auf die Entwicklung der Wissenschaft hemmend und führt letzten Endes zur Senkung der Effektivität der wissenschaftlichen Forschung, blockiert die schöpferische Entwicklung der Wissenschaft. Sicher ist die Aufrechterhaltung eines richtigen Verhältnisses zwischen Absolutem und Relativem bei der praktischen Erforschung eines Gegenstandes äußerst

[3] Das heißt, die Wissenschaft bietet mehr an unterschiedlichen Lösungsmöglichkeiten, an Ideen in unterschiedlichen Stadien ihrer wissenschaftlichen Erforschung, als dies die Produktion bewältigen kann. Und dieses „Mehrangebot“ der Wissenschaft, das auch wächst, ist in dem notwendigen Umfange richtig, da es ermöglicht, aus einem unendlichen Erkenntnisprozeß die zu dem gegenwärtigen Zeitpunkt effektivsten Lösungen auszuwählen.

[4] Lenin, V. I., Materialismus und Empiriokritizismus, a. a. O., S. 130.

kompliziert. Das Vordringen des Menschen in das Weltall zeigt, wie viele unserer Vorstellungen, die bisher als „absolut" sicher galten, ihre Grenzen, ihre Bedingtheit zeigen. Andererseits bleibt ihre Gültigkeit unter bestimmten Bedingungen weiterbestehen.

Der dialektische Materialismus gibt bekanntlich keine fertigen, in dem Sinne „absoluten" Rezepte, mittels deren das Absolute und das Relative sorgfältig auseinandergehalten werden könnte. In diesem Zusammenhang betonte Lenin, „daß es für den dialektischen Materialismus keine unüberbrückbare Kluft zwischen relativer und absoluter Wahrheit gibt". Er schrieb weiter: „Ihr werdet sagen: Diese Unterscheidung zwischen relativer und absoluter Wahrheit ist unbestimmt. Ich antworte darauf: Sie ist gerade ‚unbestimmt' genug, um die Verwandlung der Wissenschaft in ein Dogma im schlechten Sinne dieses Wortes, d. h. in etwas Totes, Erstarrtes, Verknöchertes zu verhindern, sie ist aber zugleich ‚bestimmt' genug, um sich auf das entschiedendste und unwiderruflichste vom Fideismus und vom Agnostizismus, vom philosophischen Idealismus ... abzugrenzen ... Dies ist die Trennungslinie zwischen dialektischem Materialismus und Relativismus."[5]

Die Verabsolutierung einer Seite des dialektischen Erkenntnisprozesses hat negative Auswirkungen auf die Entwicklung der gesamten Wissenschaft. So bereitet die Überbetonung des Absoluten den Boden für Dogmatismus vor. Die Glaubensmomente und nicht das Wissen rücken in den Vordergrund, und die Wissenschaft läuft Gefahr, sich in eine Art Religion zu verwandeln. Die Verabsolutierung der relativen Seite des Erkenntnisprozesses öffnet hinwiederum den Weg für den Idealismus und damit ebenfalls für die Religion. Daraus wird ersichtlich, wie sich beide Extreme berühren.

Die Klassiker des Marxismus-Leninismus lieferten Beispiele der schöpferischen Anwendung der materialistischen Dialektik, indem sie gegen die Verfälschung des Materialismus, entsprechend den konkreten historischen Bedingungen, kämpften. So hat Engels in der Zeit, in der der Materialismus in der fortschrittlichen Intelligenz und in den Arbeiterkreisen Deutsch-

[5] Ebenda, S. 131.

lands festen Fuß faßte, seine Aufmerksamkeit der Kritik der Vulgarisierung, der Versimplifizierung des Materialismus gewidmet, die unter anderem auch als „Nebenprodukt" bei der Popularisierung gewisser Binsenwahrheiten des Materialismus entstanden waren.[6]

Deshalb polemisierte Engels gegen den Vulgärmaterialisten Dühring, der den Erkenntnisprozeß einseitig sah und der mit ewigen und absoluten Wahrheiten („Plattheiten") besonders gerne operierte. Als sich die historische Lage geändert hatte und der Idealismus seine Kräfte unter Ausnutzung von Ergebnissen der neuen Revolution in der Naturwissenschaft im Kampf gegen die Grundsätze des Materialismus konzentrierte, richtete V. I. Lenin die Schärfe seiner Polemik gegen die Verabsolutierung der relativen Seite des Erkenntnisprozesses, gegen den Relativismus, der dem subjektiven Idealismus die Tür öffnete.

Bei der Untersuchung des Verhältnisses zwischen Relativem und Absolutem im wissenschaftlichen Erkenntnisprozeß ging es um die gesamte Entwicklung der Wissenschaft. Was die einzelnen Forscher und sogar ganze Forschungsrichtungen anbetrifft, so zeigte Lenin in seinem Werk „Materialismus und Empiriokritizismus", daß sie sich von dieser objektiven Wahrheit auch entfernen können. Die ständige Annäherung der Wissenschaft an die absolute Wahrheit erfolgt in einer kritischen Auseinandersetzung verschiedener wissenschaftlicher Meinungen und Theorien. Wie dies zahlreiche Beispiele demonstrieren, erfolgt das Vorwärtsschreiten des menschlichen Wissens nicht durch die Einigung auf Durchschnittswerte und Kompromisse zwischen verschiedenen Auffassungen und Theorien, sondern durch Unterliegen der einen Auffassungen und Theorien, und durch das Entstehen von neuen Auffassungen und Theorien auf den Trümmern der alten.

Da jeder Forschungsgegenstand seinem Wesen nach unerschöpflich ist, hat er viele Seiten und verschiedene Aspekte, ist er mit seiner Umwelt durch zahlreiche wechselseitige Beziehungen verbunden, befindet er sich unter dem Einfluß anderer Objekte und beeinflußt sie selbst. Der wissenschaftliche Erkenntnisprozeß als ein dialektischer Prozeß versucht

[6] Ebenda, S. 241.

die Aspekte und Seiten bewußt oder unbewußt zu erfassen, die für eine bestimmte historische oder andere determinierte Situation relevant sind. Bei gleichem Forschungsgegenstand – der Gesunderhaltung der Bevölkerung – würde der Forscher aus einem Entwicklungsland es zumindest als Ungeschicklichkeit empfinden, wenn sein Kollege aus einem hochindustrialisierten Land ihn auf Grund seiner Forschungsergebnisse darauf festzulegen versuchte, Gesunderhaltung des Menschen und eine höhere Lebenserwartung durch Beschränkung der Kalorienzahl und mehr körperliche Betätigung zu stimulieren.

Der Ganzheit des Universums steht die Ganzheit der Wissenschaft gegenüber. Die Erforschung dieser Ganzheit durch die Wissenschaft hat sich in einem historischen Prozeß herausgebildet, der in unterschiedlichen Phasen verläuft. Wenn in der Antike eine naive ganzheitliche Weltauffassung als Selbstverständlichkeit galt, so erfolgt mit der Herausbildung der heutigen Wissenschaft im Zuge des tieferen analytischen Durchdringens einzelner Gebiete dieser Ganzheit eine zunehmende Spezialisierung und Verselbständigung einzelner Forschungsgebiete. Durch die steigenden Anforderungen an die Spezialausbildung wurde diese Spezialisierung weiter verstärkt. Diese zunehmende Akkumulation des menschlichen Wissens durch das sich vertiefende analytische Herangehen barg die Gefahr in sich, daß dadurch die ganzheitliche Auffassung des Untersuchungsgegenstandes verloren geht. Die Tendenz einer zunehmenden Spezialisierung und eines immer tieferen analytischen Eindringens in die Einzelprobleme setzt sich fort und dominiert gegenwärtig in der Entwicklung der Wissenschaft trotz der Betonung der dialektischen Einheit von Prozessen der Differenzierung und Integration der Wissenschaften.

Aus der Geschichte der Wissenschaft sind Gegenreaktionen auf die zunehmende Differenzierung einzelner Wissensgebiete bekannt, die darin bestanden, die Ganzheitsauffassung des Untersuchungsgegenstandes mindestens auf großen Teilgebieten wiederherzustellen. Noch in der Renaissance waren es einzelne große Persönlichkeiten, die in sich das heterogene Wissen vereinigten. Die Tätigkeit der Enzyklopädisten des XVIII. Jahrhunderts demonstrierte zum ersten Mal das Versagen des einzelnen Wissenschaftlers, das bereits akkumulierte Wissen effektiv zu beherrschen. Seitdem hat die Entwicklung der Wissenschaft eine gewaltige quantitative und vor allem qualitative Entwicklung genommen, wodurch der Prozeß der Synthese enorm erschwert wurde. Es kommt noch hinzu, daß die Notwendigkeit der Verbindung der Analyse mit der Synthese durch die neue wichtige Stellung der Wissenschaft in der Gesellschaft stark aktualisiert wurde: „Die Rolle der Wissenschaft bei der Umgestaltung der gesellschaftlichen Produktion und ihr Einfluß auf alle Seiten des gesellschaftlichen Lebens ist unermeßlich gewachsen. Wie nie zuvor kommt es bei der Lösung dieser Probleme darauf an, die Bemühungen der Naturwissenschaften, der technischen Wissenschaften und der Gesellschaftswissenschaften zu vereinigen."[7]

Das Problem der Synthese der wissenschaftlichen Erkenntnisse steht heute in ganz anderen Dimensionen als in der Vergangenheit. Es ist dabei offensichtlich, daß eine enzyklopädische Ansammlung „aller" bekannten wissenschaftlichen Kenntnisse nicht mehr möglich ist. Die Enzyklopädien verwandelten sich aus einem Instrument der Ganzheitsauffassung der Welt zur praktischen Benutzung der gesammelten Kenntnisse für die Forschung in das Attribut eines kultivierten Menschen unserer Zeit. Offensichtlich wird die Lösung des Problems der Verbindung von Analyse und Synthese in der Zukunft mit dem Ziel der Lösung von komplexen Problemen des wissenschaftlich-technischen Fortschritts, die die Ganzheitsbetrachtung des Untersuchungsgegenstandes voraussetzt, in der stärkeren Einbeziehung der Systemforschung in Verbindung mit dem Einsatz der elektronischen Datenverarbeitung gesucht.

Man sieht in den gegenwärtigen Prozessen der Integration der Wissenschaften eine dialektische Gegenreaktion auf ihre zunehmende Differenzierung. Es ist jedoch fragwürdig, ob jedoch bei der Integration der Wissenschaften, die wir ohne weiteres feststellen können, die von uns erwünschte Synthese von wissenschaftlichen Erkenntnissen immer stattfindet, die die ganzheitliche Erforschung der Realität bei der Lösung von

[7] Hager, K., Sozialismus und wissenschaftlich-technische Revolution, Berlin 1972, S. 16—17.

komplexen Problemen gewährleistet. Erfahrungen zeigen, daß mit der Herausbildung von Grenzwissenschaften (und darum handelt es sich meistens, wenn von der Integration gesprochen wird) sofort ihre Spezialisierung auf Teilgebieten einsetzt, die wir aus der Analyse kennen. Sehr bald wird das neue Gebiet mit einem hohen Zaun gegen „fremde Augen" umgeben. Sehr bald erscheint das Schild am Tor „Vorsicht, Betreten auf eigene Gefahr!"

Eine gewisse Voraussetzung für die Synthese des Wissens ist ein Weg, der von Jürgen Kuczynski vorgeschlagen wird – Integration der Wissenschaften durch die Integration der Wissenschaftler.[8] Für sich genommen kann er nur Teilerleichterungen mit sich bringen, da er nur auf benachbarten Wissenschaftsdisziplinen effektiv beschritten werden kann. Bei der Synthese von wissenschaftlichen Erkenntnissen aus mehreren weit entfernten Gebieten (in den komplexen Problemen des wissenschaftlich-technischen Fortschritts sind zum Beispiel Forschungen auf bestimmten Gebieten von technischen und Naturwissenschaften und Gesellschaftswissenschaften sehr verflochten) treten bereits bei der gegenseitigen Verständigung Verluste an Spezialwissen auf, so daß die Synthese nur auf einem relativ niedrigen Niveau stattfinden kann.

Die Integration der Wissenschaften durch die Integration der Wissenschaftler ist jedoch die Voraussetzung für die Entwicklung der Systemforschung auf dem Gebiet der Wissenschaft. Die Systemforschung wiederum ist die Grundlage für die Ausarbeitung von Systemlösungen, die das Wissen aus verschiedenen Gebieten verbinden. Die weitere Voraussetzung für die Synthese von wissenschaftlichen Erkenntnissen aus mehreren Gebieten ist die Anwendung der modernen Technik der Informationsverarbeitung in der dafür geeigneten Form (insbesondere EDV).

Während sich die technischen Wissenschaften und die Naturwissenschaften der elektronischen Datenverarbeitung in ihrer Forschung bereits in einem erheblichen Umfang bedienen, sind es die Gesellschaftswissenschaften, die sich offensichtlich in einem gewissen Rückstand befinden. Dabei muß berück-

[8] Kuczynski, J., Studien zur Wissenschaft von den Gesellschaftswissenschaften, Berlin 1972, Abschnitte 1.1 und 1.3.

sichtigt werden, daß bei der Lösung vieler praktischer Aufgaben auf sozialökonomischen Gebieten Datenflüsse verarbeitet werden müssen, die in ihrem Umfang denen in der experimentellen Atomphysik nicht nachstehen.

Wenn die Wissenschaft ihrem Wesen nach als Vorstoß ins Neuland, ins Unerforschte betrachtet werden kann, so bedeutet dies bei weitem nicht, daß jede Tätigkeit im Rahmen einer wissenschaftlichen Forschung diese Merkmale aufweisen muß. Die wissenschaftliche Forschung nimmt mit der Steigerung des kollektiven Charakters der Forschung sowie mit dem Prozeß ihrer Industrialisierung an Komplexität zu. Der Forschungsprozeß wird in einzelne Operationen und Funktionen zunehmend aufgegliedert. Der Anteil der Routinearbeit erhöht sich dabei bedeutend. Nicht nur technische und Hilfskräfte beschäftigen sich mit der Routinearbeit, sondern auch die Wissenschaftler. Im Rahmen der Forschungstätigkeit vollzieht sich zunehmende Arbeitsteilung, einzelne Seiten der Forschungstätigkeit werden ausgesondert und als selbständige Funktionen ausgewiesen: Leitung und Organisation, Ausarbeitung von Grundideen bzw. Konzeptionen, Realisierung, Hilfsarbeit (Zeichnungen, Rechenoperationen usw.).

2. Der Forscher

In der Vergangenheit war für den Werdegang eines Wissenschaftlers oft der harte Kampf um sein Dasein kennzeichnend und mit bestimmten Opfern verbunden. Er stellte zwangsläufig entsprechende Anforderungen an die persönlichen Eigenschaften des Wissenschaftlers bei der Wahl seines Berufs. Heute ist der Beruf des Forschers ein Massenberuf, ein gesellschaftlich hochangesehener Beruf. Allein in der UdSSR werden gegenwärtig etwa 1 Million Wissenschaftler in der Forschung gezählt. Zusammen mit den übrigen Beschäftigten in der Forschung würden sie in der Größenordnung liegen, die der Bevölkerung eines kleinen Landes nicht nachsteht.

Wer einmal an einem internationalen wissenschaftlichen Kongreß teilnahm, konnte ohne weiteres eine erstaunliche Vielschichtigkeit des wissenschaftlichen Publikums mit einem bereits äußerlich bunten Bild feststellen: verdiente Wissenschaftler, die mit Doktor Faustus verwandt zu sein scheinen, bis zu sportlich aussehenden jungen Leuten, die bei einem Sportfest angenehm auffallen würden.

Noch mehr als rein äußerlich vereinigt der wissenschaftliche Beruf verschiedene innere Eigenschaften und notwendige Voraussetzungen wie Bekenntnis zu einer Weltanschauung, ideologische Einstellung und Parteilichkeit in der Forschung, Charaktere und Fähigkeiten wie Talent und Begabung, Fleiß und Spontaneität, Ausdauer, bestimmte moralische Qualitäten usw. Seine Ausübung wirft bereits viele soziale Probleme auf, führt sogar zur Entstehung der dem Beruf eigenen Berufskrankheiten.

Als eine alltägliche Tätigkeit hat die wissenschaftliche Forschung ihre geheimnisvolle Aureole weitgehend verloren. Rein äußerlich erinnert eine Forschungseinrichtung bald an ein Büro, bald an einen Produktionsbetrieb.

Wie treffend solche Vergleiche auf den ersten Blick auch

wirken mögen, dürfen sie doch über die Eigenart des wissenschaftlichen Berufs nicht hinwegtäuschen.

Wenn diese Eigenart auch bei weitem nicht in jeder Operation des Forschungsprozesses vorhanden ist und nicht von jedem seiner Teilnehmer verlangt wird (wie es unten ausführlicher erläutert wird), so bleibt sie doch als charakteristisch weiterbestehen. Dies hängt mit dem bereits dargestellten Merkmal der wissenschaftlichen Forschung zusammen. Der Vorstoß ins Unbekannte, bisher Unerforschte ist in einem hohen Maße ein schöpferischer Akt.

Zum Unterschied von anderen Berufen weist die Forschungstätigkeit eine enorme Amplitude von Möglichkeiten der Erzielung eines Ergebnisses auf (sicher differenziert nach der Art der Forschung, zum Beispiel in der Weiterentwicklung weniger als in der Pionierforschung). Diese Möglichkeiten entscheiden nicht nur zwischen Lösung und Nichtlösung einer Aufgabe, sie bieten auch eine ganze Skala von „besseren und schlechteren" Varianten, verfrühten, rechtzeitigen oder verspäteten Ergebnissen an. Der Spielraum und das Verlangen nach dem Schöpferischen sind in dem Beruf des Wissenschaftlers sehr stark ausgeprägt. Bemerkenswert ist, daß die Spezifik der wissenschaftlichen Forschung auch andere Berufe beeinflußt, die mit der Erzielung eines Forschungsergebnisses sowie seiner Umsetzung in die Praxis zu tun haben.

Der Erfolg bei der Entwicklung eines neuen Erzeugnisses oder Verfahrens hängt nicht nur von schöpferischem Herangehen und der Initiative der in der Forschung Tätigen, sondern von der Arbeit aller Werktätigen entscheidend ab (vom einfachen Arbeiter bis zum Werkdirektor), die dazu wesentlich beitragen, daß ein neues Forschungsergebnis sich in der Produktion niederschlägt. Es darf nicht vergessen werden, daß sich die Eigenart des wissenschaftlichen Berufs, die in seinem hohen Anteil am Schöpfertum besteht, in sehr unterschiedlichen Größenordnungen hinsichtlich des Aufwands an Mitteln, Zeit und Beschäftigtenzahlen niederschlagen kann. Deshalb wird die Forderung erhoben, der Auswahl der Kader für die Wissenschaft eine größere Aufmerksamkeit zu widmen.[1]

[1] Vgl. Brežnev, L. I., Rechenschaftsbericht des Zentralkomitees der Kommunistischen Partei der Sowjetunion, Moskau/Berlin 1971, S. 118.

Dabei dürfen auch solche Kriterien wie Begeisterung für die wissenschaftliche Arbeit und spontaner Wissensdrang nicht zu kurz kommen, da sie eine Garantie dafür bieten, daß ein Forscherkollektiv unter den gegebenen Bedingungen die besten und effektivsten Lösungen anstreben wird.[2]

Ein anderes wichtiges Merkmal der modernen Forschung hängt mit der Notwendigkeit zusammen, die Untersuchung von Gesetzen und Gesetzmäßigkeiten in der Natur und Gesellschaft durch zunehmend kollektive Anstrengungen durchzuführen. Zu diesem Thema entstehen immer wieder heftige Diskussionen (etwa über das Verhältnis zwischen Einzelforscher und Kollektiv, Einzel- und Kollektivleistung, großes oder kleines Kollektiv, internationale Aspekte der Kollektivität usw.). Leider verlieren solche Diskussionen manchmal jeden Bezug zur Wirklichkeit und entarten zu scholastischem Streit, der von der Lösung aktueller Probleme der Erhöhung der Produktivität der wissenschaftlichen Forschung weit entfernt ist (zum Beispiel darüber, ob heute ein Buch nur von einem Autor geschrieben werden soll oder von einem Kollektiv,

[2] Man kann in dieser Frage die Meinung von Kuczynski nicht teilen, wenn er schreibt: „... man soll das Vorhandensein dieser Eigenschaften (Begeisterung für die wissenschaftliche Arbeit und den spontanen Wissensdrang — der Autor) nicht überschätzen. Viele Hunderttausende, ja Millionen Menschen arbeiten in unseren Betrieben, ohne einen speziellen Verkaufsdrang in den Läden, ohne einen besonderen Metallverarbeitungsdrang in der Metallindustrie, ohne einen besonderen Heizungsdrang in den verschiedensten Gebäuden. Spezialneigungen zu Berufen sind keineswegs so verbreitet, wie man im allgemeinen annimmt oder wie man in der Anfangszeit seiner Berufstätigkeit sich selber für seine eigene Arbeit einredet. Man kann auch ein ordentlicher Wissenschaftler werden, ohne riesige Begeisterung für die wissenschaftliche Arbeit, ohne spontanen Wissensdrang." (Kuczynski, J., Studien zur Wissenschaft von den Gesellschaftswissenschaften, Berlin 1972, S. 135.)

Sicher hat sich der Anteil der Routinearbeit in der wissenschaftlichen Tätigkeit erhöht, so daß viele Mitglieder von Forschungskollektiven Arbeiten durchführen, die die gleichen wie in einem Büro oder in einem Produktionsbetrieb sind. In ihrem Wesen blieb die wissenschaftliche Forschung trotzdem ein Vorstoß ins Unbekannte. Darin liegt ihre Spezifik und gleichzeitig die große Schwierigkeit bei der Beurteilung ihrer Leistungsfähigkeit.

damit es den Anforderungen der wissenschaftlich-technischen Revolution entspricht).

Offensichtlich können neue und wichtige Fragen der Kollektivität in der wissenschaftlichen Forschung nur im Lichte der Funktionen effektiv behandelt werden, die sich aus Verpflichtungen des sozialistischen Wissenschaftlers gegenüber der Gesellschaft und zum anderen aus der Arbeitsteilung bei der Erzielung von Forschungsergebnissen ergeben.

Dazu vielleicht noch etwas Grundsätzliches, das auch nicht selten unbeachtet bleibt: Kein Forscher, ob er sich nun für einen Einzelgänger hält oder nicht, forscht abgeschlossen von der Außenwelt. Denn erstens wird er durch zahlreiche Informationsmedien mit aktuellen Problemen der Gegenwart ihm selbst bewußt oder unbewußt konfrontiert, und zum anderen baut er seine Tätigkeit auf den Kenntnissen der vergangenen Generationen von Wissenschaftlern auf bzw. hat in seiner Bibliothek und in anderen ihm zugänglichen Informationsquellen Kenntnisse seiner lebenden und verstorbenen Kollegen eingespeichert. Insoweit befindet sich jeder Einzelforscher in einem Klima, das seine Leistungen fördert oder hemmt. Das sind das internationale Makroklima, das lokale Forschungsklima in dem Lande, in dem er arbeitet, sowie das Mikroklima in dem Kollektiv, zu dem er gehört.[3]

Wenn wir jedoch von der Kollektivität in dem oben genannten Sinne abstrahieren und sie unter dem Aspekt der gesellschaftlichen Funktionen betrachten, die ein sozialistischer Wissenschaftler heutzutage wahrnehmen muß, so können sie in vier Gruppen zusammengefaßt werden, die folgende Aufgaben haben:

1. Lösung von bestimmten Aufgaben für die Praxis,
2. Unterricht, das heißt die Übergabe des akkumulierten Wissens an die Schüler und ihre Vorbereitung für die selbständige Arbeit in der Wissenschaft und Praxis und für die Propagierung der marxistisch-leninistischen Weltanschauung,
3. Forschung in einem Spezialfach und Durchführung von Aufgaben, die zum Fortschritt des Wissens auf diesem Gebiet beitragen,

[3] Vgl. Kedrov, B. M., Istorija nauki i prinzipy ee issledovanija, in: Voprosy filosofii, 9/1971; Kuczynski, J., Studien . . ., a. a. O., S. 49–50.

4. Weiterbildung des Forschers, die meistens mit der dritten Gruppe von Funktionen zusammenhängt (bekanntlich erfordert die wissenschaftliche Forschung eine ständige Weiterbildung des Wissenschaftlers).

Wenn wir jede Gruppe von Funktionen mit dem dafür gesondert gebildeten Kollektiv verbinden, so wären es bereits vier Kollektive mit der Spezifik ihrer Organisation, in denen ein Wissenschaftler gleichzeitig tätig sein könnte, damit seine Möglichkeiten gesellschaftlich voll ausgeschöpft werden. Im weiteren gehen wir auf die Funktionen unter 1 und 3 ein, die ausführlicher dargelegt werden müssen.

Wie bereits gesagt, gehört zum Merkmal der modernen Forschung, daß in dem Forschungsprozeß ein Kollektiv als Ganzes analog dem gesellschaftlichen Gesamtarbeiter als gesellschaftlicher Gesamtforscher beteiligt ist.[4] Die Tätigkeit des gesellschaftlichen Gesamtforschers kann die Durchführung einer Forschung von der Aufdeckung und Ausnutzung einer Idee bis zur anschließenden Umsetzung der Forschungsergebnisse in die Praxis umfassen.

Die optimale Größe des Kollektivs wird durch den Charakter der zu lösenden Aufgaben sowie durch die Zahl und Art der Operationen bedingt, die für die Erzielung von gewünschten Ergebnissen erforderlich sind. In den technischen Wissenschaften und den Naturwissenschaften sind gegenwärtig andere Größenordnungen als in den Gesellschaftswissenschaften typisch. Diese Tatsache ist nicht zuletzt auf den Ausstattungsgrad mit Technik und auf die Durchführung von Experimenten zurückzuführen, die die Schaffung eines Kollektivs im Sinne der gleichzeitigen gemeinsamen Arbeit in einem Gebäude oder in einem Raum verlangen.

Dem gesellschaftlichen Gesamtforscher entspricht auch eine bestimmte Form der Organisation und Leitung. Eine rationale Organisation erhöht das schöpferische Potential eines Wissenschaftlers. Sie muß dabei eine Bedingung erfüllen: Sie muß auf wissenschaftlich fundierten Kenntnissen der Eigenart der wissenschaftlichen Forschung und der Beziehungen, die sich in einem Kollektiv zwischen seinen Mitgliedern herausbilden,

[4] Diese Analogie bezieht sich nicht auf die Einstellung zur materiellen Produktion, sondern nur auf ein Endergebnis der wissenschaftlichen Forschung.

beruhen.[5] Es ist sicher schwierig, von allgemeinen Prinzipien einer guten und einer schlechten Organisation eines Forschungskollektivs schlechthin zu sprechen. Eine Organisationsform wird erst dann sinnvoll, wenn sie im Lichte der Aufgaben, Probleme bzw. Ziele betrachtet wird, die das Kollektiv zu lösen bzw. zu realisieren hat. Bei der Umsetzung dieser Forderung in die Praxis ergeben sich jedoch mehrere Schwierigkeiten. Viele Aufgaben – insbesondere komplexer Natur – gehen oft über die Grenzen einer Einrichtung hinaus. Sie erfordern die Entwicklung einer Ad-hoc-Organisation, die mit der bestehenden in Übereinstimmung gebracht werden muß. Eine Aufgabe (bzw. eine Reihe von ähnlichen Aufgaben) muß sich über eine bestimmte Zeit erstrecken, die es ermöglicht, einem ad hoc geschaffenen Kollektiv eine gewisse Anlaufphase zu geben.

Die komplexe aufgabenbezogene Forschung ist oft hinsichtlich der Ergebnisse jedes Mitglieds eines interdisziplinären Kollektivs streng determiniert, das heißt, von dem Forscher wird ein bestimmtes, in großen Zügen bereits definiertes Ergebnis erwartet. Seine Schöpferkraft beschränkt sich nur auf eine bessere oder schlechtere Erzielung eines bereits vorgeschriebenen Ergebnisses. Dies droht bei den Forschern die gleichen Reaktionen wie bei den Arbeitern eines Fließbandes hervorzurufen. Diese Reaktionen müssen soziologisch untersucht werden wie in den übrigen Fällen. Die Überwindung dieser Schwierigkeiten wird offensichtlich in der Richtung zu suchen sein, daß die Tätigkeit eines Wissenschaftlers in Teile aufgegliedert wird (zum Beispiel Weiterbildung, schöpferische Arbeit auf seinem Gebiet, Lösung einer Teilaufgabe im Rahmen eines komplexen Problems, Unterricht usw.), die dann entsprechend seinen Tätigkeiten und konkreten Bedingungen präzisiert werden.

Es wird mit Recht behauptet, daß jeder Mensch im Grunde genommen einmalig ist. (Dies haben die Chirurgen vom biologischen Standpunkt aus bei Herztransplantationen nochmals festgestellt.) Auf die Forschung übertragen bedeutet dies, daß der richtige Einsatz eines Forschers nicht nur zur Steige-

[5] Dazu ausführlich Gvišiani, D. M., Mikulinskij, S. R., Jaroševskij, M. G., Sozialno-psichologičeskije aspekty dejatel'nosti učjonogo, in: Voprosy filosofii, 3/1971.

rung der Effektivität der wissenschaftlichen Forschung beiträgt, sondern oft eine Notwendigkeit, eine Voraussetzung ist, um überhaupt nützliche Ergebnisse zu erzielen. Das ergibt sich aus dem Wesen der wissenschaftlichen Forschung und kann am besten an einem zugespitzten Beispiel veranschaulicht werden. Wenn ein Produktionsbetrieb auch unter allen nur vorstellbaren ungünstigen Bedingungen arbeitet (mangelhafte Planung, unzureichende Organisation, schlechte Leitungstätigkeit usw.), werden doch trotzdem irgendwelche nützlichen Erzeugnisse hergestellt. Im Fall der Forschung bedeutet oft eine unqualifizierte Konzeption, daß die Gesellschaft mit keinen für sie nützlichen Forschungsergebnissen zu rechnen hat. Wenn man dabei die Höhe gegenwärtiger Forschungsaufwendungen berücksichtigt, so stellt sich die Frage des richtigen Einsatzes einzelner Mitglieder des gesellschaftlichen Gesamtforschers in ganz anderen Dimensionen als in dem obengenannten Beispiel. Es ist offensichtlich eine differenzierte Typisierung der Wissenschaftler in der Forschung notwendig, die sich in starkem Maße auf Erfahrungen der Forschungspraxis stützen muß, zum Beispiel auf die Klassifizierung der Forscher nach solchen Typen wie Ideenschöpfer, Organisator und Leiter, fleißigen Ausführern von Ideen, Mitarbeiter mit guten Kenntnissen der Bedürfnisse der Praxis usw. Die allseitige Entfaltung der Persönlichkeit im Sozialismus fördert die Begabung und die besonderen Fähigkeiten jedes einzelnen. Wenn wir das auf die wissenschaftliche Forschung beziehen, so bedeutet es keinesfalls, daß als Idealziel die Herausbildung eines Wissenschaftlers angestrebt wird, der in allen Aspekten gleichmäßig entwickelt ist. Das ist auch nicht erforderlich, da der kollektive Charakter der gegenwärtigen Forschungstätigkeiten und die damit verbundene Arbeitsteilung gerade auf unterschiedliche Fähigkeiten und Eigenschaften der einzelnen Forscher angewiesen sind.

Man kann mit Sicherheit behaupten, daß die Optimierung der Tätigkeit des gesellschaftlichen Gesamtforschers durch eine bessere Zusammensetzung von Forscherkollektiven mit unterschiedlichen persönlichen Eigenschaften im Rahmen bestimmter Forschungsaufgaben zu einer bedeutenden Erhöhung der Effektivität der Forschungstätigkeit insgesamt führen würde.

In diesem Zusammenhang muß noch auf ein anderes Problem hingewiesen werden. Unterschiedliche Operationen, die in einem Forschungsprozeß durchgeführt werden, sowie die Ausnutzung unterschiedlicher Fähigkeiten in einem Forschungskollektiv erfordern zwangsläufig die differenzierte Anwendung von Kriterien für die Einschätzung der Leistungen seiner Mitglieder. Während in der Vergangenheit eine wissenschaftliche Tätigkeit, die mehr oder weniger von einer Person durchgeführt wurde, nur nach dem Endergebnis beurteilt werden konnte, würde dies in einem modernen Forschungskollektiv zur allgemeinen Nivellierung der Leistungen jedes einzelnen und damit zur sinkenden Effektivität führen. Daraus resultiert die Notwendigkeit der Anwendung eines Systems von Beurteilungskriterien, die es erlauben, die Leistungen eines modernen Forschungskollektivs einzuschätzen, insbesondere wenn es sich um die Lösung von komplexen Problemen des wissenschaftlich-technischen Fortschritts handelt.

Die bereits geschilderten Besonderheiten und Merkmale der wissenschaftlichen Forschung – man nehme nur allein die Charakterisierung des Forschungsprozesses als Vorstoß ins Neue, Unbekannte, Unerforschte oder die Darstellung der zunehmenden Kollektivität und Funktionsauflösung in der modernen Forschung – führen möglicherweise zur Frage nach der Rolle des Talents in der Wissenschaft.[6]

Wir wissen: Die Entdeckung der objektiven Gesetze von Natur und Gesellschaft und insbesondere die Anwendung der Kenntnis dieser Gesetze ist kein automatischer, von der Geschichte vorgeschriebener Prozeß. Die Gesetze widerspiegeln sich in den Köpfen der Menschen und werden als solche durch einen schöpferischen Denkprozeß erkannt und geistig verarbeitet. Wie weit und wie gut man sich der absoluten Wahrheit dabei nähert, hängt viel von dem subjektiven Faktor, dem Forscher ab. Die Gesetze von Natur und Gesellschaft werden in der Realität nicht mechanistisch etwa wie Bücher in einer

[6] Diese Frage wird z. B. in der Sowjetunion in der Fachliteratur und Presse sowohl direkt diskutiert (z. B. Ausführungen des bekannten sowjetischen Physikers Kapiza in: Voprosy filosofii, 12/1971, S. 148), als auch im Rahmen anderer Probleme – unter anderem solcher wie Ausbildung der zukünftigen Forscher – behandelt.

Bibliothek in den Regalen nach bestimmten Merkmalen angeordnet. Sie befinden sich in einer ständigen Bewegung und Entwicklung, es treten zahlreiche Zusammenhänge und Wechselbeziehungen ein. Um sie rechtzeitig zu erkennen, zu studieren und anzuwenden, bedarf es offensichtlich des Talentes. Und dort, wo das besonders effektiv geschieht, kann man sowohl Talente als auch das richtige Zusammenspiel der Talente im Kollektiv feststellen.

Noch komplizierter erweist sich die Anwendung der erkannten Gesetze und der gewonnenen Forschungserkenntnisse in der Praxis, da der Mensch auf der Basis erkannter Gesetze oft das zu entwickeln hat, wofür in der Natur keine Analogie besteht (zum Beispiel zahlreiche Gegenstände unseres täglichen Bedarfs). Man sieht zwar den Siegeszug der Wissenschaft, man erkennt viele Umwege und Umleitungen der Wissenschaft, man weiß jedoch nicht, an welchen Entdeckungen man vielleicht vorbeiging, welche durch einen Zufall ausgelöst wurden. Der schöpferische Charakter der Erforschung und Anwendung von Gesetzen erklärt viele Fehlschläge eines allzu deterministisch aufgefaßten Prognostizierens, das von einer „Mußentwicklung" ausgeht, die in jedem Fall erfolgen werde.

Die Umsetzung der bereits gewonnenen Erkenntnisse der Forschung in die Praxis bietet zahlreiche Varianten von Entwicklungen, und es ist hinter vielen dieser Entwicklungen kaum ein historischer Zwang in dem Sinne festzustellen, daß alles, was produziert wird, auch produziert werden müßte.

Allgemein ausgedrückt dürfen Kollektivität und Talent nicht als Antipoden aufgefaßt und der Prozeß der zunehmenden Arbeitsteilung in der wissenschaftlichen Forschung nicht als Polarisierung zwischen Schöpferischem und Nichtschöpferischem verstanden werden. Falsch ist die Überbetonung der Rolle des Talents ebenso wie sein Negieren.

Die Hervorhebung der Rolle des Talents in der Forschung bedeutet keine abwertende Haltung gegenüber der Massenbasis der heutigen Wissenschaft. Sie ist gleichzeitig in Verbindung mit der schöpferischen Rolle der Arbeiterklasse und der breiten Massen der Werktätigen bei der Durchsetzung des wissenschaftlich-technischen Fortschritts aufzufassen.

Die Wissenschaft im Sozialismus wird von den Wissenschaftlern im Auftrage der Arbeiterklasse im Bündnis mit den breiten Massen der Werktätigen unter der Führung der marxistisch-leninistischen Parteien betrieben.

In dem Maße, wie die Wissenschaft zu einer unmittelbaren Produktivkraft wird, üben die Wissenschaftler einen bedeutenden Einfluß auf die Entwicklung der Produktivkräfte und der Produktionsverhältnisse aus. Da die wissenschaftliche Forschung ein im höchsten Maße schöpferischer Prozeß ist, kann für sie die Rolle des Talents nicht ohne Bedeutung sein.

Die richtige Darstellung der Rolle des Talents in der wissenschaftlichen Forschung gehört offensichtlich zu den Problemen, die mit der Untersuchung der Rolle der Persönlichkeit in der Geschichte zusammenhängen. Gleichzeitig muß auf die Spezifik dieser Problematik für die wissenschaftliche Forschung hingewiesen werden. Es kommt noch hinzu, daß sie bisher noch ungenügend erforscht wurde, so daß es hier noch viele Lücken gibt, die auch in dieser Arbeit nicht geschlossen werden können.

Bekanntlich waren es Marxisten, die die Rolle der Persönlichkeit und die der Volksmassen in ein richtiges Verhältnis zueinander gestellt haben.[7]

Sie kämpften konsequent gegen zwei entgegengesetzte falsche Auffassungen. So lehnten sie die Ansicht ab, daß die Geschichte nur von großen Persönlichkeiten gemacht wird, die als Kette von Zufälligkeiten die historische Szene beherrschen. Diese Ansicht fand ihren vollständigen Ausdruck in der Theorie der „Helden" und der „Menge". Die praktische Verwirklichung dieser Theorie – unter anderem durch Terrorakte – hat der revolutionären Bewegung Schaden zugefügt. Verschiedene Varianten der überspitzten Rolle der Persönlichkeit schlagen sich auch in bürgerlichen Elitetheorien nieder.

Ebenso fremd war und ist den Marxisten die Auffassung, daß die Geschichte einen fatalistisch vorgeschriebenen Verlauf nimmt. In diesem determinierten historischen Prozeß könnte der Persönlichkeit nur die Rolle eines einfachen Statisten zugeschrieben werden.

[7] Vgl. Plechanov, G. V., Über die Rolle der Persönlichkeit in der Geschichte, Berlin 1957.

Dabei genügt ein kurzer Blick auf die Geschichte der revolutionären Arbeiterbewegung, um festzustellen, welche hervorragende Rolle die Führer der Arbeiterklasse gespielt haben. Deshalb hebt Plechanov die marxistische These hervor, „*daß die Geschichte von den Menschen gemacht wird und daß deshalb die Tätigkeit der Persönlichkeiten nicht ohne Bedeutung für sie sein kann.*"[8] Er zeigte an zahlreichen Beispielen aus der Geschichte, daß große Persönlichkeiten eben deshalb groß waren, weil sie „die absolute Notwendigkeit" einer gegebenen historischen Erscheinung zuerst erkannt, sich damit identifiziert und ihr mit der ganzen Kraft ihrer außergewöhnlichen Fähigkeiten gedient haben.

Die obigen Ausführungen bieten wichtige Ansatzpunkte für die Einschätzung der Rolle der Persönlichkeit in der Wissenschaft. Wie jede Analogie dürfen sie über bestimmte Unterschiede nicht hinwegtäuschen, die sich aus der Spezifik der wissenschaftlichen Forschung ergeben.

Es stellt sich natürlich die Frage: Um welches Talent handelt es sich dabei? Um ein großes oder kleines Talent? Oder um das Talent des Wissenschaftlers in dem beinahe klassischen Sinne, in dem es die Zeit sah, in der die Forschung von Einzelpersonen betrieben wurde? Oder geht es um das Talent in der Ausführung von einzelnen Funktionen, die sich aus der Arbeitsteilung in einem modernen Forschungskollektiv ergeben?

Bekanntlich fördert der Sozialismus die Herausbildung der Talente. Er schafft die objektive Basis für eine ganze Konstellation von günstigen Voraussetzungen und Bedingungen, damit sich eine besondere Begabung in einem Talent oder noch mehr in einem Genie offenbart. Dabei kommt es auf ein richtiges Zusammenspiel von Talenten innerhalb der kollektiven Leistungen an, die die Wissenschaft insgesamt charakterisieren. Bevor große Talente ihre Ideen produzieren oder sie zu einem glänzenden Abschluß bringen, brauchen sie Vorleistungen vieler anderer Forscher. Ihre Forschungsergebnisse können ebenfalls nur dann festen Fuß fassen und zur Entwicklung der Produktivkräfte beitragen oder sonstige wesentliche Auswirkungen haben, wenn andere Forscher vorhanden sind, die sie aufnehmen, bearbeiten und umsetzen können.

[8] Plechanov, G. V., a. a. O., S. 18.

Was die Frage nach dem Talent in dem klassischen Sinne oder bei der Ausführung einer bestimmten Funktion in einem komplexen Forschungsprozeß anbetrifft, so spielt das Talent in dem letzten Sinne offensichtlich eine zunehmende Rolle (Talent des Forschungsorganisators, Talent eines Experimentators, Theoretikers oder Talent eines Informationsfachmannes usw., um nur einige Möglichkeiten zu nennen).

Es sind sicher mehr Talente in der Wissenschaft vorhanden, als dies die Aufzählung von berühmten Namen zum Ausdruck bringt.

Die Geschichte der Wissenschaft zeigt, daß es mehrere talentierte Forscher waren, die sich einer wichtigen Entdeckung oder Erkenntnis näherten. Diejenigen, die sie zuerst machten, bzw. diejenigen, deren Ergebnisse zuerst bekannt wurden, zogen die ganze Aufmerksamkeit auf sich. Es entsteht das Phänomen, das Plechanov in einem anderen Zusammenhang als „optische Täuschung" bezeichnet hat. Hören wir aber zunächst Plechanov, der sie am Fall Napoleons illustriert: „Die persönliche Kraft Napoleons erscheint uns in äußerst vergrößerter Gestalt, da wir ihr die ganze gesellschaftliche Kraft zuschreiben, von der sie vorgeschoben und gestützt wurde. Sie erscheint uns als etwas ganz Exklusives, denn andere Kräfte, die ihr glichen, sind nicht aus der *Möglichkeit* in die *Wirklichkeit* übergegangen. Und wenn man sagt: Was wäre, wenn es keinen Napoleon gegeben hätte, so gerät unsere *Phantasie* in Verwirrung, und es scheint uns, daß ohne ihn die ganze gesellschaftliche Bewegung, auf der seine Kraft und sein Einfluß beruhen, überhaupt nicht hätte zustande kommen können. In der Geschichte der geistigen Entwicklung der Menschheit kommt es unvergleichlich seltener vor, daß der Erfolg der einen Persönlichkeit dem einer anderen hinderlich wird. Aber auch da sind wir von der genannten optischen Täuschung nicht frei."[9]

Es gibt auch in der Wissenschaft mehr große Talente, die imstande wären, zu wichtigen neuen Erkenntnissen zu kommen, als wirkliche hervortreten. Diejenigen aber, die es dank persönlicher und anderer Umstände realisiert haben, fesseln die allgemeine Aufmerksamkeit und gewinnen dadurch her-

[9] Plechanov, G. V., a. a. O., S. 41.

vorragende Bedeutung. So entsteht die Geschichte der Wissenschaft in Form der Geschichte der Wissenschaftler (was sicher nicht das gleiche ist).

Hiermit läßt sich erkennen, daß in bezug auf die Entwicklung der Wissenschaft zwei extreme Fehleinschätzungen der Rolle des Talents auftreten können. Einmal ist es die Identifizierung des Fortschritts des Wissens mit einigen wenigen Namen berühmter Wissenschaftler und Entdecker oder Erfinder. Genauso ist der historische Fatalismus fehl am Platz, der oft auf die einfache Formel reduziert wird, daß jeder andere an der Stelle eines berühmten Wissenschaftlers das gleiche zustande gebracht hätte. Die Entwicklung der Wissenschaft verläuft nicht konfliktlos. Zwischen Scylla und Charybdis beider Extreme tendiert sie bald in die eine, bald in die andere Richtung. Durch Analysen des Standes der wissenschaftlichen Forschung und insbesondere durch die Durchführung von internationalen Vergleichen mit anderen sozialistischen Ländern können erhebliche Reserven für die Erhöhung der Produktivität, des Niveaus und der Qualität der wissenschaftlichen Forschung ermittelt werden.

Wenn wir im Anschluß an die obigen allgemeinen Erkenntnisse über die Rolle der Persönlichkeit in der Wissenschaft die Frage nach der Rolle des Talentes noch weiter konkretisieren, so können eine Reihe von Aufgaben genannt werden, die ein großer Wissenschaftler oder ein Talent innerhalb der gesellschaftlichen Entwicklung zu erfüllen hat (ohne Anspruch auf die Vollständigkeit der Aufzählung zu erheben).

Weil es des Talents bedarf, eine bestimmte Entwicklung oder ein bestimmtes Phänomen zuerst zu erkennen und seine Bedeutung einzuschätzen, waren es in der Geschichte der wissenschaftlichen Entdeckungen und neuen Richtungen große Wissenschaftler, die sie einleiteten. Sie wurden auch deshalb als groß anerkannt, weil sie den Anfang machten. Sie waren deshalb *Beginner*. Auf sie trifft in gleichem Maße die Beschreibung zu, die Plechanov von großen Persönlichkeiten in der Geschichte gibt: „Der große Mann ist eben ein *Beginner*, denn er blickt *weiter* als die anderen und will *stärker* als die anderen. Er löst die wissenschaftlichen Aufgaben, die der vorhergegangene Verlauf der geistigen Entwicklung der Gesellschaft auf die Tagesordnung gesetzt hat ... Er ist ein

Held. Held nicht in dem Sinne etwa, daß er den natürlichen Gang der Dinge aufhalten oder ändern könnte, sondern in dem Sinne, daß seine Tätigkeit der bewußte und freie Ausdruck dieses notwendigen und unbewußten Ganges ist. Darin liegt seine ganze Bedeutung, darin seine ganze Kraft. Das ist aber eine gewaltige Bedeutung, eine ungeheure Kraft." [10]

Die Geschichte der Wissenschaft zeigt, daß es große Gelehrte waren, die das konventionelle, historisch bedingte Denkschema ihrer Epoche verlassen haben, die „Macht der Gewohnheit" überwunden und Tradition verletzt haben. Wie Stefan Zweig bemerkte: „Tradition ist steinerne Grenze von Vergangenheiten um die Gegenwart, wer ins Zukünftige will, muß sie überschreiten."

Durch die Schule verlieren wir oft den Respekt vor wirklich großen Taten der Wissenschaft der Vergangenheit, die in wenigen Minuten als etwas Selbstverständliches erläutert werden. Es entgeht uns dabei vollkommen die Epoche, in der ein Durchbruch aus der konventionellen Denkweise verwirklicht wurde.

Da diese Durchbrüche nicht immer ungefährlich waren, verlangten sie nicht nur hohes Fachwissen, sondern auch viel Mut und gesellschaftliches Engagement. Neue Theorien und neue Auffassungen entstehen im Kampfe mit alten Vorstellungen. Sie setzen sich nicht durch die Einigung auf Mittelwerte durch, lösen sich nicht in Kompromissen auf, sondern die neuen Theorien behaupten sich auf den Trümmern der alten Auffassungen. Das verlangt das persönliche Engagement des Wissenschaftlers.[11]

Die Rolle des Talents in der wissenschaftlichen Forschung steht mit der Anforderung der Beschleunigung des wissen-

[10] Plechanov, G. V., a. a. O., S. 50–51.

[11] In diesem Zusammenhang sei auf eine so wichtige Frage wie die Rolle und die Bedeutung der wissenschaftlichen Schulen in der Geschichte der Wissenschaft verwiesen, die die Richtigkeit ihrer Auffassungen oft im heftigen Meinungsstreit durchsetzen. Es kann an Hand vieler Beispiele nachgewiesen werden, daß talentierte Forscher, die eine eigene wissenschaftliche Schule begründeten, dem wissenschaftlichen Fortschritt beachtliche Impulse gaben. Ein nicht zu unterschätzendes Kriterium hierfür ist zum Beispiel auch die Anzahl bedeutsamer Wissenschaftler, die aus solchen Schulen hervorgingen.

schaftlich-technischen Fortschritts in direktem Zusammenhang. Aus der Untersuchung der Vergangenheit geht hervor, daß es große Wissenschaftler waren, die die Verwirklichung von wichtigen Entdeckungen, den Beginn von neuen wichtigen Richtungen beschleunigt haben. In dem Sinne waren sie die *Beschleuniger* des technischen oder sozialen Fortschritts (wenn wir dabei nur an die Klassiker des Marxismus-Leninismus denken).

Es stellt sich natürlich generell die Frage, inwieweit man eine Entwicklung durch den Einsatz besonders talentierter Forscher beschleunigen kann. Ob damit nicht vielmehr „vorzeitige" Entdeckungen stimuliert werden, die dann am Rande der Geschichte in Vergessenheit geraten oder darauf warten müssen, bis ihre Stunde schlägt. Das ist sicher eine äußerst komplizierte Frage. Einerseits kann man nicht den folgenden Standpunkt teilen: „In Wirklichkeit stimmt der historische Beweis sicher mit der Behauptung überein, daß der wirkliche Grund dafür, daß Antibiotika oder Laser durch ‚Zufall' erschienen sind, darin besteht, daß kein vorhergehendes Erfordernis danach bestand."[12] Es gibt keine solche Periodizität, daß zuerst bestimmte praktische Bedürfnisse und Anforderungen an die Wissenschaft heranreifen und in ihrer gesellschaftlichen Relevanz anerkannt werden, damit die Wissenschaft sie erforschen und mit ihren Ergebnissen dann nachziehen kann. Wissenschaftliche Ergebnisse oszillieren vielmehr um die Entwicklung der Bedürfnisse auf der Basis eines bestimmten Entwicklungsstandes der Produktivkräfte, indem die Wissenschaft bald mit dem Angebot an neuen Ideen und Erkenntnissen der Praxis vorauseilt, bald ihr nachzieht.[13] Wie oft hat die Wissenschaft zum Beispiel post factum nur das zu erklären versucht, was vorher rein empirisch, sozusagen durch das „Basteln", entdeckt oder erfunden wurde.

[12] Ayres, R. U., Technological Forecasting and Long-Range Planning, New York 1969, S. 206.

[13] Das Oszillieren der Wissenschaft um die Bedürfnisse ist nicht so aufzufassen, daß die gesamte Wissenschaft bald hinter der Entwicklung der Bedürfnisse bleibt, bald sie insgesamt überholt. Das Oszillieren besteht in Wirklichkeit aus vielfältigem Nachziehen und Überholen einzelner Wissenschaftsgebiete, -richtungen usw.; sie oszilliert sozusagen in sich.

Die Entdeckung des Penicillins durch Fleming war insoweit „Zufall", als sie Fleming im Jahre 1928 machte. Dieser Zufall wurde jedoch durch die innere Logik der Entwicklung der Biologie bereits vorbereitet, und das Bedürfnis, die Rettung von Menschenleben, war bereits vorhanden. Es war auch kein „Zufall", daß es für diese Entdeckung eines talentierten Forschers bedurfte. Die Entdeckung lag in diesem Fall etwa 10 Jahre brach, da sie weder von Fleming selbst, noch von anderen richtig eingeschätzt wurde. Wie bereits gesagt, wird die menschliche Geschichte aktiv von Menschen gestaltet, und es gibt keine höhere Gewalt, die für eine Entdeckung oder neue wissenschaftliche Auffassung den „richtigen Zeitpunkt" bestimmt.

Jahrhunderte oder Jahrtausende menschlicher Geschichte überblickend, mag es vielleicht belanglos scheinen, ob eine Entdeckung 20 bis 30 Jahre – und noch mehr 5 oder 10 Jahre – „früher" oder „später" gemacht wird – nicht aber für die Menschen, die in dieser Zeit leben. In unserem bereits erwähnten Beispiel der Entdeckung des Penicillins waren die Bedingungen für die Entdeckung der Antibiotika gegeben, und es kann als sicher gelten, daß die Beschleunigung dieser Entdeckung sowie die Umsetzung in die Praxis um einige Jahre (was durchaus möglich gewesen wäre) Tausenden von Menschen das Leben gerettet hätten.

Natürlich kann kein Wissenschaftler, wie groß er auch sein mag, die Entwicklung der Wissenschaft seiner Zeit über die Grenzen hinaus beschleunigen, die durch die Entwicklung der Produktivkräfte in einem bestimmten Bereich bestimmt sind. Die Spaltung des Atomkerns konnte im Alten Ägypten weder im 2. Jahrtausend vor unserer Zeitrechnung noch kurz vor derselben durchgeführt werden, da die Bedingungen dafür nicht vorhanden waren.

Es wäre aber durchaus vorstellbar, daß sie nicht im Dezember 1938 von O. Hahn und F. Strassmann, sondern einige Jahre früher verwirklicht und daß sie nicht von den Amerikanern, sondern von Nazi-Deutschland genutzt worden wäre. (Die innere Entwicklung der Wissenschaft und die materiell-technische Basis waren in Nazi-Deutschland dafür gleichfalls vorhanden.) Man kann sich auch ohne blühende Phantasie vorstellen, was diese „nur wenigen Jahre" für die Geschichte der Menschheit hätten bedeuten können.

Aus diesen wenigen Beispielen wird nicht nur ersichtlich, daß das Talent in der wissenschaftlichen Forschung eine wichtige Rolle spielt, sondern wie gefährlich es auch sein kann, wenn es mißbraucht wird. „Im Sozialismus gibt es keine sozialen Grundlagen mehr für den Mißbrauch von Wissenschaft und Technik für egoistische Klasseninteressen und menschenfeindliche Ziele. Im diametralen Gegensatz zum Mißbrauch der Wissenschaft, ihrem Einsatz für die Massenvernichtung, für die Perfektionierung der Ausbeutung und zur Manipulierung des Denkens und Fühlens breiter Bevölkerungsschichten im Herrschaftsbereich des Imperialismus dienen im Sozialismus Wissenschaft und Technik, Bildung, Kultur und Kunst der Freisetzung aller schöpferischen Potenzen der Werktätigen zum Wohle des Ganzen wie zum Wohle jedes einzelnen."[14] Es ist ein wesentlicher Vorzug des Sozialismus, daß er zum Unterschied vom Kapitalismus keine objektiven Grenzen für die allseitige Entwicklung der Talente zum Wohl der Werktätigen bildet. Als ein fortschrittliches gesellschaftliches System bietet er auch die richtigen Voraussetzungen für ein schöpferisches Zusammenwirken der Talente mit den breiten Massen der Werktätigen.

Abschließend muß man noch auf einen Aspekt der Rolle des Talents in der wissenschaftlichen Forschung hinweisen, der keinesfalls eine geringere Bedeutung als die bisher genannten besitzt. Ein großer Wissenschaftler zeichnet sich in der Regel auch dadurch aus, daß er neben seiner schöpferischen Tätigkeit bei der Erforschung von Gesetzen und Gesetzmäßigkeiten der Natur und der Gesellschaft sein wertvolles Fachwissen an seine Schüler vermittelt, die seine Forschung fortsetzen. Nur dadurch können bestimmte Länder ihre führende Stellung auf bestimmten Gebieten von Wissenschaft und Technik behaupten.

Die Tendenz einer Verteuerung der wissenschaftlichen Forschung wird international anerkannt. Die Ausstattung und Informationsversorgung eines Arbeitsplatzes (die Tendenz setzt sich auch auf dem Gebiet der Gesellschaftswissenschaften durch) kann kostenmäßig von einem einzelnen Forscher nicht

[14] Hager, K., Sozialismus und wissenschaftlich-technische Revolution, a. a. O., S. 59.

mehr getragen werden. Der moderne Forscher muß an bestimmte Informationskanäle angeschlossen werden sowie imstande sein, bestimmte Informationen aufzunehmen, zu verarbeiten und seine Ergebnisse zu überprüfen. Da wichtige Entwicklungen nicht unbedingt von den Forschern gemacht werden, die damit beauftragt werden, ist die Effektivität der wissenschaftlichen Forschung um so höher, je besser die Informationen den Wissenschaftlern zugänglich gemacht werden.[15]

Die Einführung der elektronischen Datenverarbeitung, das heißt eine Entwicklung, die die wissenschaftlich-technische Revolution kennzeichnet, wurde von Außenseitern eingeleitet, die sonst nie „einen Auftrag" bekommen hätten, dies zu tun. Bekanntlich waren es Konrad Zuse in Deutschland mit dem Modell Z 3 (1941) sowie die Amerikaner Aiken, Stibitz, Eckert und Mauchly mit ENIAC, die unabhängig voneinander diese Entwicklung einleiteten.

Wenn in den Prognoseaussagen auch die Bedeutung großer Forschungskollektive in der Zukunft hervorgehoben wird, kann sich doch die entgegengesetzte Tendenz aus der Entwicklung von Informationssystemen in Form von Datenbanken und neuen Organisationsformen der Zusammenarbeit ergeben, die eine Existenzberechtigung auch für kleine Kollektive und Einzelforscher schaffen.

Da es oft allein Informationsprobleme sind, die die Kollektivität der Forschung in dem heutigen Sinne fördern, kann man sich durchaus vorstellen, daß die Lösung solcher Probleme

[15] Die amerikanische Wissenschaft profitiert seit langem davon, daß durch die operative Erfassung und schnelle Veröffentlichung von statistischen Angaben und manchen Forschungsergebnissen, die insbesondere mit neuesten Forschungsgebieten zusammenhängen, die Wissenschaftler anderer Länder in den für sie nützlichen Forschungsrichtungen angeregt werden und sie dadurch kostenlos eine Art internationale „Verstärkung" bekommt.

Sicher handelt es sich dabei um kein großzügiges Angebot an Informationen schlechthin, sondern um ein Informieren, ausgehend vom ausgewogenen Verhältnis zwischen Nutzen und Nachteilen, welche solche Bekanntgabe von Informationen mit sich bringt, indem einige Informationen geheimgehalten oder nur in dem Umfange bekannt gemacht werden, der für eine gewisse Werbung bestimmter Forschungsergebnisse notwendig ist.

andere Formen der kollektiven Zusammenarbeit ins Leben rufen wird. Dann können sich kleine Forschungskollektive bzw. Einzelforscher an solche Datenbanken anschließen. Die Flexibilität der Kollektivgröße als Funktion der zu erfüllenden Aufgaben wird ein wichtiges Merkmal der künftigen wissenschaftlichen Forschung sein.

Man muß auch damit rechnen, daß ein Teil der Forschung als Hobbyforschung zu einer Tätigkeit der Freizeitgestaltung wird, bei der Einzelpersonen ihren persönlichen Interessen und ihrem Geschmack mehr als bisher nachkommen. Diese massenhafte Forschung darf aus mehreren Gründen nicht unterschätzt werden. Sie bildet eine wichtige Quelle von originellen Ideen und Lösungswegen. Sie leistet einen bedeutenden Beitrag in der Annäherung der geistigen und der körperlichen Arbeit. Die Wissenschaft kann auch manche Freunde der „Krimis" für sich gewinnen. Entsprechend präsentiert, bildet die wissenschaftliche Forschung als ein faszinierendes Gebiet mehr Boden für ungewöhnliche Entdeckungen, interessante geistige Kombinationen, Eindringen in Geheimnisse und ähnliches als manche jetzt in der Freizeit betriebene Beschäftigung. Eine der notwendigen Voraussetzungen für die Hobbyforschung ist, daß zukünftige Informationssysteme genauso wie Bibliotheken in der Vergangenheit und Zukunft den Einzelforschern zur Verfügung gestellt werden.

3. Das Instrumentarium

Der Forscher bedient sich in seiner Arbeit eines Instrumentariums, das er sich in einem langen Entwicklungsprozeß durch die Spezialausbildung in seinem Fach, Annahme und geistige Verarbeitung von bestimmten theoretischen Auffassungen und Ansichten philosophischer Natur, durch Sammlung und Auswertung von praktischen Erfahrungen in Verbindung mit der ständigen Vervollkommnung seines Wissensstandes angeeignet hat.

Er bekennt sich bewußt oder unbewußt zu einer bestimmten Weltanschauung, vertritt in seiner Arbeit bestimmte weltanschauliche Thesen.

Die Kenntnisse der Instrumente der wissenschaftlichen Forschung im engen Sinne des Wortes wie ökonomisch-mathematische Methoden in der Ökonomie, Geräte oder Gerätesysteme in den technischen Wissenschaften und in den Naturwissenschaften sind von den Kenntnissen nicht zu trennen, die sich aus den allgemeinen Tendenzen in der Entwicklung des Erkenntnisapparates der Wissenschaft ergeben. Sie wurden von Kopnin wie folgt zusammengefaßt[1]:

- Entwicklung der künstlichen Sprachen, die immer mehr von der Anschaulichkeit der Darstellung abgehen;
- die mathematische Symbolik dient als Instrument für die Entwicklung von theoretischen Konstruktionen;
- das theoretische Denken gewinnt als ein wichtiger Faktor für grundsätzliche Ideen und als Ausgangspunkt für neue Theorien an Bedeutung;
- die Intuition wird durch die Mathematisierung und Formalisierung der Kenntnisse zunehmend verdrängt. Gleichzeitig bleibt die Intuition als eine Haupttriebkraft für die Ge-

[1] Vgl. Kopnin, P., Marxistsko-leninskaja teorija poznanija i sovremennaja nauka, in: Voprosy filosofii, 3/1971, S. 29.

winnung von neuen theoretischen Konstruktionen weiterbestehen.[2]

– Entwicklung der Metatheorien und Metawissenschaften;
– Bestreben nach Entwicklung von fundamentalen Theorien, die Erkenntnisse verschiedener Wissenschaftsgebiete synthetisieren (zum Beispiel Information, Struktur, Rückkopplung usw.);

[2] Letzteres kann am besten mit einer Ausführung von Kopnin veranschaulicht werden: „Die Wissenschaft muß, wie auch früher, den Rahmen der starren Despotie der formal-logischen Deduktion sprengen. Sie braucht Sprünge, Bewegung des Gedankens zu prinzipiell neuen Ergebnissen, kühne Stellung von Ideen, Konzeptionen, die gegenwärtig keine strenge logische Begründung finden." (Ebenda.)

Die wissenschaftliche Forschung ist eine im höchsten Maße heuristische Tätigkeit, die auch viel Intuition einschließt. Mit Recht hebt Haustein die gesteuerte Intuition als eine der höchsten Formen der Heuristik hervor. (Haustein, H.-D., Probleme der Anwendung der Heuristik in der sozialistischen Wirtschaftsführung, Akademie für sozialistische Wirtschaftsführung, Berlin 1970, S. 11.) Dabei läßt sich eine enge Beziehung der Wissenschaft zur Kunst, einer der Wissenschaft verwandten geistigen und schöpferischen Tätigkeit, erkennen. Die Kunst schärft die Sinnesorgane, regt das Schöpfertum an und inspiriert den Forscher zu neuen überraschenden Lösungen. Im Leben großer Wissenschaftler sehen wir oft, wie sich ihre Tätigkeit mit der Liebe zur Kunst vereinigt. Es muß auch in Erinnerung gerufen werden, daß es die Klassiker des Marxismus-Leninismus waren, die in Analysen vieler sozialer Probleme ihrer Zeit Kunstwerke einbezogen haben. Sehen wir dies an dem Beispiel der Arbeiten von V. I. Lenin über Tolstoi: Lenin analysiert die Werke des Schriftstellers, um den Charakter der russischen Revolution von 1905 darzustellen (Lenin, V. I., Leo Tolstoi als Spiegel der russischen Revolution, in: Werke, Bd 15, Berlin 1962). Stefan Zweig weist darauf hin, daß sich die Werke Dostojewskis für manche Untersuchungen der Psyche des Menschen für die Mediziner nützlicher als viele medizinische Werke erwiesen haben. Man muß an die Science-fiction-Werke denken, die viele Ergebnisse der wissenschaftlichen Forschung vorausahnten und die die Forschung im gewissen Sinne beeinflußt haben (zum Beispiel wurde ähnliches wie die Laserstrahlenentwicklung in den 20er Jahren in einer Science-fiction-Erzählung von Alexej Tolstoi beschrieben — vgl. „Hyperboloid von Ingenieur Garin").

Bemerkenswert ist, daß die systematische Untersuchung von science-fiction-Werken in einigen Industrieländern bereits einen Teil der Prognostik bildet.

- Tendenz zur Aufgliederung des Untersuchungsgegenstandes in einfache Strukturen und Darstellung der Zusammenhänge mit Hilfe der Systemanalyse;
- wachsende Bedeutung wahrscheinlichkeitstheoretischer Überlegungen bei der Erkenntnis der objektiven Welt und beim Aufbau der wissenschaftlichen Theorien.

Die oben dargestellten Entwicklungstendenzen sind in ihrer dialektischen Einheit als Kampf entgegengesetzter Tendenzen aufzufassen. So werden sicher die zunehmende Mathematisierung und Formalisierung der Wissenschaften und die Entwicklung von künstlichen Sprachen die natürliche Sprache als Produkt einer langen historischen Evolution, als ein Instrument der gegenseitigen Verständigung nicht verdrängen. Bereits bei der Herstellung von Kontakten zwischen Wissenschaftlern verschiedener Fachgebiete bedienen sich die Wissenschaftler zwangsläufig der natürlichen Sprache. Als noch notwendiger erweist sich die Anwendung der natürlichen Sprache bei der Umsetzung von Ergebnissen der wissenschaftlichen Forschung in der Praxis, zum Beispiel bei der Entscheidungsfindung, da die notwendige Synthese von Wissenschaft, Ökonomie und Politik usw. erst durch die Anwendung der natürlichen Sprache zum Ausdruck kommt.

Die Grenzen der Formalisierung der wissenschaftlichen Forschung zeigen sich bei der Erfassung von intuitiven Elementen, die sich zwangsläufig aus dem Vorstoß ins Neue und Unbekannte ergeben.[3] Offensichtlich wird in dem Verhältnis zwischen natürlicher und künstlicher Sprache eine gegenseitige Ergänzung angestrebt, indem die Beherrschung von zwei Sprachen, der künstlichen auf dem Fachgebiet und der natürlichen in der Kommunikation zu anderen Fachgebieten und zur Praxis, zunehmende Bedeutung gewinnt.

Anders betrachtet ist die wissenschaftliche Forschung Erzeugung, Aufnahme, Aufbewahrung, Verarbeitung und Wiedergabe von Informationen. Bereits der unendliche Erkenntnisprozeß bei der Untersuchung eines Gegenstandes der wissenschaftlichen Forschung, die Erfassung einer immer

[3] Vgl. dazu: Kurajev, V. I., Vsaimosvjas' mezdu soderzatel'nymi i formal'nymi komponentami pri postrojenii i rasvitii naucnych teorij', in: Voprosy filosofii, 11/1971, S. 57–68. Komlev, N. G., Nastuplenije na slovo, in: Voprosy filosofii, 11/1971, S. 69–79.

größeren Anzahl verschiedener Seiten, Aspekte, Wechselbeziehungen, einer zunehmenden inhaltlichen Vertiefung auf dem Gebiet der Analyse, die Notwendigkeit der Synthese einer Menge von Erkenntnissen spitzen das Problem der Information auf das Äußerste zu. Schwierigkeiten, die bei der praktischen Lösung dieses Problems bereits aufgetreten sind, stehen mit zwei teilweise zusammenhängenden Gruppen von Fragen in Verbindung.

Ein erster Fragenkomplex bezieht sich auf den Einsatz der elektronischen Datenverarbeitung, einschließlich gegenwärtiger und zukünftiger Grenzen dieses Einsatzes. Die Anwendung der elektronischen Datenverarbeitung im Zusammenhang mit der schnellen Durchführung von Rechenoperationen und der Verarbeitung großer Mengen an Informationen hat sich bereits durchgesetzt. Der zunehmenden Bedeutung der Synthese bei der Lösung von komplexen Problemen des wissenschaftlich-technischen Fortschritts, die Recherche, Auswahl, Aggregation und Desaggregation der Daten und Einführung der qualitativen Betrachtungsweise erfordert und demzufolge die Speicherung und logische Verarbeitung von inhaltlich sehr unterschiedlichen Angaben in großen Mengen verlangt, scheint die elektronische Datenverarbeitung noch nicht gewachsen zu sein. Es muß berücksichtigt werden, daß sich am Ende jedes Informationsvorganges, wie groß und technisch perfekt er auch durchkonstruiert sein mag, ein Mensch befindet, der imstande sein muß, die ausgegebene Information aufzunehmen und sie schöpferisch zu verarbeiten. Die EDV tritt dabei als ein Verstärker der menschlichen Intelligenz, als ein Teil des Mensch-Maschine-Systems auf. Wie weit die EDV in der Zukunft entwickelt werden wird, ob bis zu schöpferischen „Denkoperationen“, muß sich zeigen. Durch die lange Evolution des Menschen kann sein Gehirn im Endlichen das Unendliche erfassen, was unter anderem auch seiner dialektischen Denkweise zu verdanken ist. Dies sind Prozesse, die über den Rahmen auch der perfektioniertesten formal-logischen Operationen, auf die sich die Entwicklung der EDV stützt, hinausgehen.

Andere Fragen beziehen sich auf den inhaltlichen Aspekt der Daten. Die Informationstheorie von Shannon und Wiener betrachtet nur die technische Seite der Verarbeitung von

Datenflüssen. Für sie unterscheiden sich die Daten nur nach der Zahl von bits, nicht nach ihrem Inhalt, der jedoch bei der Beherrschung von gegenwärtigen Informationsflüssen von erstrangiger Bedeutung ist. Bekanntlich wächst die Zahl verschiedenartiger Daten, die in den Veröffentlichungen, Mitteilungen und anderen Quellen enthalten sind, ständig. Bei der formalen Betrachtung dieses Wachstumsprozesses kommt man leicht zur Annahme einer sogenannten Informationslawine. Bei der näheren Bekanntschaft mit zahlreichen Angaben von potentieller Bedeutung stellt sich jedoch heraus, daß in dem gewaltigen Informationsfluß nicht so viele für die Lösung einer bestimmten Aufgabe, eines Problems oder für die Realisierung eines Ziels brauchbare Informationen enthalten sind. Dieses Wachstum ist unter anderem durch Faktoren bestimmt, die mit der Erhöhung der Qualität des Informationsgehaltes nicht unbedingt zusammenhängen. Es sind dies zum Beispiel folgende:

- Es erfolgt eine Diversifikation der Daten in bezug auf irgendein Hauptproblem. Mit der Vertiefung der Kenntnisse werden immer mehr verschiedene Aspekte eines Problems widergespiegelt. Hinzu kommen noch unterschiedliche Aggregationsstufen dieser Widerspiegelungen (allgemeine Mitteilungen und allgemeine Übersichten, detaillierte Informationen usw.).
- Es werden mehrere Interpretationen eines gleichen Hauptgedankens, eines gleichen Hauptproblems wiedergegeben. Darin drückt sich unter anderem der Versuch aus, die Information einem bestimmten Verbraucher bekannt zu machen.
- Bildung und Weiterbildung führen dazu, daß gleichzeitig mit dem Neuen für „andere" auch viel „Neues" für die lernende Person erscheint, das in die Informationskanäle gerät und sie blockiert (zum Beispiel bei der Erarbeitung und Veröffentlichung mancher Dissertation).
- Mißbrauch der Tatsache, daß in der Wissenschaft exakte Kriterien der Effektivität zur Beurteilung von Forschungsergebnissen fehlen. So wird zum Beispiel ein Wissenschaftler, der viel schreibt, oft höher eingeschätzt, als ein Wissenschaftler, der rein quantitativ weniger schreibt.
- Die Erweiterung der technischen Basis zur Verarbeitung von Daten führt dazu, daß in die Informationskanäle Daten

einfließen, die früher als unwichtig oder überhaupt unnötig angesehen worden wären.

Die Beherrschung handwerklicher Fertigkeiten auf dem Gebiet der Wissenschaft ist an sich noch nicht Merkmal eines Wissenschaftlers schlechthin. Dieselben Fertigkeiten kann man auch bei Routinearbeiten anwenden. Deshalb betrachtet man manchmal die Forschungseinrichtungen als Bildungsstätten für die Vorbereitung von qualifizierten Kadern für eine an sich hochqualifizierte Routinetätigkeit, zum Beispiel für die Modellierung der ökonomischen Vorgänge mit Hilfe von ökonomisch-mathematischen Methoden oder der Datenverarbeitung und ähnliches.

Die Instrumente im engen Sinne dieses Wortes, deren sich ein Wissenschaftler bedient, bilden ein relativ neutrales Element der wissenschaftlichen Forschung. Man könnte sie zur Illustration mit dem Spaten und ähnlichen Werkzeugen vergleichen. Ein Spaten kann sowohl für die Gartenarbeit als auch im Kampf als Waffe benutzt werden. Diese Instrumente, die einen neutralen Charakter haben, werden in der Forschung im Sozialismus und im Kapitalismus benutzt (zum Beispiel Geräte, viele Erkenntnisse der Kybernetik, Mathematik usw.). Das Studium und die mögliche kritische Übernahme solcher Instrumente bilden die notwendige Bereicherung eines Teils des wissenschaftlichen Instrumentariums.

Dabei dürfen die Beherrschung von mathematischen Methoden und die Modellierung zum Beispiel in der Ökonomie nicht verwechselt werden mit ihrer konkreten Anwendung in einem mikro- oder makroökonomischen Modell, das bereits bestimmte politökonomische Zusammenhänge ausdrückt und Klassencharakter hat.

Bei der Ausbildung und im Verlaufe seiner Forschungstätigkeit lernt ein Forscher nicht nur die obengenannten Instrumente anzuwenden. Ihm werden gleichzeitig viele spezialisierte theoretische und allgemeine Kenntnisse philosophischer Natur, Weltanschauung, Auffassungen, praktische Hinweise usw. vermittelt.

Trotz des gleichen Lehrprogramms und der gleichen Weltanschauung als Basis spricht man doch von einem guten und weniger guten Ruf einer Bildungsstätte. Darin drückt sich die große Bedeutung der führenden Wissenschaftler aus, die nicht nur bestimmte Fertigkeiten, sondern darüber hinaus auch zahlreiche Kenntnisse an ihre Schüler vermitteln, die die zukünftigen Spezialisten in ihrer praktischen Tätigkeit zusammen mit den Instrumenten ihres Faches anwenden.

Die Beherrschung einzelner Fertigkeiten und Methoden, Geräte und Gerätesysteme reicht allein bei weitem noch nicht aus, um die notwendige Voraussetzung für eine erfolgreiche Erforschung von Gesetzen und ihre Anwendung zu geben. Wenn eine mathematische Formel an sich klassenindifferent ist, kann sie in einer praktischen Forschung doch für Fälle angewandt werden, die ausgesprochenen Klassencharakter haben. Sie kann auch so verwandt werden, daß die sich ergebenden Folgerungen, sich trotz der strengen Logik, die die Mathematik mit sich bringt, aus weltanschaulichen Gründen als falsch erweisen, zum Beispiel wenn sie in sie vorgegebene idealistische inhaltliche Zusammenhänge in der Ökonomie ausdrückt.

Die wissenschaftliche Forschung im Sozialismus stützt sich auf die marxistisch-leninistische Weltanschauung – die materialistische Weltauffassung – und wendet die marxistisch-leninistische dialektische Methode an. Dabei ist die Dialektik als Wissenschaft über besonders allgemeine Gesetze jeder Bewegung, jeder Entwicklung aus diesem Grunde auch als die Wissenschaft über den Denkprozeß aufzufassen.[4]

Bekanntlich hat V. I. Lenin der Anwendung der Dialektik im Erkenntnisprozeß eine große Rolle beigemessen. Er schrieb im „Materialismus und Empiriokritizismus": „In der Erkenntnistheorie muß man, ebenso wie auf allen anderen Gebieten der Wissenschaft, dialektisch denken, d. h. unsere Erkenntnis nicht für etwas Fertiges und Unveränderliches halten, sondern untersuchen, auf welche Weise das *Wissen* aus *Nichtwissen* entsteht, wie unvollkommenes, nicht exaktes Wissen vollkommener und exakter wird."[5]

Gegenwärtig werden in den sozialistischen Ländern an die materialistische Dialektik erhöhte Anforderungen mit dem Ziel gestellt, sie schöpferisch weiterzuentwickeln, und zwar

[4] Vgl. Engels, F., Herrn Eugen Dührings Umwälzung der Wissenschaft (Anti-Dühring), in: Marx/Engels, Werke (im folgenden: MEW), Bd. 20, Berlin 1960, S. 131–132.

[5] Lenin, V. I., Werke, Bd 14, Berlin 1962, S. 96.

„als Methode, als Erkenntnistheorie, als ein System des gegenwärtigen theoretischen Wissens über die objektive Welt und ihre Widerspiegelung im Bewußtsein der Menschen ...

Deshalb ist es notwendig, daß die moderne marxistische Philosophie ihre Aufmerksamkeit nicht auf den Aufbau eines Systems aus den bereits bestehenden Kategorien des dialektischen Materialismus konzentriert, indem sie diese in Rubriken auf der Grundlage irgendeines Prinzips einteilt, sondern auf eine systematische Analyse aller bestehenden und die Entwicklung von neuen Kategorien, ausgehend von der Kenntnis der Besonderheiten und Gesetzmäßigkeiten des modernen wissenschaftlichen Erkenntnisprozesses, seiner Tendenzen und Trends in die Zukunft.

Andererseits kann die materialistische Dialektik in Sophistik ..., in das logische Spiel mit Kategorien ausarten, die immer mehr ihre Beziehung zum realen Fortgang der Erkenntnis der Natur und des gesellschaftlichen Lebens verlieren", schrieb in einer seiner letzten Arbeiten das Korrespondierende Mitglied der Akademie der Wissenschaften der UdSSR, Kopnin.[6]

Die materialistische Dialektik nimmt eine zentrale Stellung im philosophischen Vermächtnis Lenins, in der Arbeit „Über die Bedeutung des streitbaren Materialismus", ein.[7]

Das Bekenntnis zum Materialismus ohne die Kenntnis der materialistischen Dialektik bzw. ohne die Fähigkeit, sie auf den konkreten Untersuchungsgegenstand anzuwenden, führt nicht selten zur Vulgarisierung des Materialismus und ermöglicht es, den reaktionären bürgerlichen Ideologen im Kampf gegen den Marxismus-Leninismus den Wissenschaftlern das Gespenst eines Materialismus vor Augen zu führen, der mit einem dogmatischen, erstarrten Materialismus identifiziert wird, sozusagen eine Art „spanischer Stiefel" für die schöpferische Entwicklung der Wissenschaft. In diesem Zusammenhang weisen die Klassiker des Marxismus-Leninismus auf eine schöpferische Entwicklung der Dialektik hin, die in der praktischen Forschungstätigkeit breit anzuwenden ist. In

[6] Kopnin, P. V., Marxistsko-leninskaja teorija poznanija i sovremennaja nauka, in: Voprosy filosofii, 3/1971, S. 33–34.

[7] Lenin, V. I., Werke, Berlin 1963, Bd 33.

seiner Arbeit „Über den streitbaren Materialismus“ betonte V. I. Lenin unter anderem die Notwendigkeit des Bündnisses mit den Vertretern der modernen Naturwissenschaft, da von diesem Bündnis die Wissenschaftler bei der Erforschung ihrer speziellen Gebiete an philosophischen Kenntnissen gewinnen, die ihnen ihre konkreten Probleme zu lösen helfen: „Denn die Naturwissenschaft schreitet so schnell voran, macht eine Periode so tiefgehenden revolutionären Umbruchs auf allen Gebieten durch, daß sie ohne philosophische Schlußfolgerungen unter keinen Umständen auskommen kann.“[8] Aus diesen Ausführungen wird ersichtlich, welche großen Möglichkeiten für die Forschung aus der Verbindung der marxistisch-leninistischen dialektischen Methode mit den konkreten wissenschaftlichen Untersuchungen gegeben sind.

[8] Ebenda, S. 220–221.

4. Zum Verhältnis von Produktivkräften, Praxis und Wissenschaft

Es war ein historisches Verdienst der Klassiker des Marxismus-Leninismus, daß sie in dem Zusammenspiel Produktivkräfte – Wissenschaft die dominierende Rolle der Entwicklung der Produktivkräfte erkannt und aufgezeigt sowie die entscheidende Rolle der Bedürfnisse betont haben.[1]

Gegenwärtig, da die Wissenschaft selbst immer mehr zur unmittelbaren Produktivkraft wird, nimmt ihre gesellschaftliche Stellung an Wichtigkeit in dem Maße weiter zu, wie die Verwissenschaftlichung aller Phasen des gesellschaftlichen Lebens erfolgt.

Bei der Untersuchung dieses kausalen Zusammenhanges in einem historischen Rückblick muß hervorgehoben werden, daß es sich dabei vor allem um die heutige Wissenschaft handelt, die sich auf der empirischen Basis der Handwerke und zeitlich mit dem Entstehen des Frühkapitalismus in Europa herauszubilden begann. Das gesamte Profil der neuen Wissenschaft wurde durch die vorherrschende Stellung der Natur- und technischen Wissenschaften geprägt. Dies war ohne Zweifel auf die enge Verbundenheit der Wissenschaft mit dem höheren Entwicklungsstand der Produktivkräfte im Kapitalismus zurückzuführen.

Damit wurden der Wissenschaft neue Aufgaben insbesondere in bezug auf die Weiterentwicklung der materiellen Komponente der Produktion (der „zweiten Natur“) gestellt, die vor allem die Entwicklung der Natur- und technischen Wissen-

[1] Man erinnere nur an die Bemerkung von F. Engels: „Wenn die Technik, wie Sie sagen, ja größtenteils vom Stande der Wissenschaft abhängig ist, so noch weit mehr diese vom *Stand* und den *Bedürfnissen* der Technik. Hat die Gesellschaft ein technisches Bedürfnis, so hilft das der Wissenschaft mehr voran als zehn Universitäten“ (Engels an H. Starkenburg, Brief vom 25. 1. 1894, in: Marx/Engels, Ausgewählte Schriften in zwei Bänden, Bd II, Berlin 1955, S. 474).

schaften stark stimulierten. Der höhere Stand der Entwicklung der Produktivkräfte bot der wissenschaftlichen Forschung eine qualitativ bessere materiell-technische und experimentelle Basis.

Welche wesentlichen Merkmale charakterisierten den Fortschritt der Natur- und technischen Wissenschaften und beeinflußten die gesamte Entwicklung der modernen Wissenschaft? Offensichtlich waren es vor allem:

- ihre Verbundenheit mit dem Experiment, mit der Praxis, die sich aus der Entwicklung der kapitalistischen Produktionsverhältnisse mit Notwendigkeit ergab;
- die Trennung von der Theologie, das heißt vom Glauben zum Wissen. Dadurch war die Möglichkeit einer Kritik der wissenschaftlichen Erkenntnisse gegeben;
- die Überwindung der starren Strukturen der mittelalterlichen Gilden.

Durch diese Prozesse wurde eine Kettenreaktion der Wissenschaft ausgelöst: Entwicklung der Produktivkräfte – Fortschritt der Natur- und technischen Wissenschaften – Entwicklung der Wissenschaft als Ganzen.

Diese historische Entwicklung wurde bereits von Engels in der „Dialektik der Natur" aufgezeigt.[2]

Kedrov weist in diesem Zusammenhang auf die Entwicklung der Welt hin: „Zuerst entwickelte sich die *Natur*, nachdem sie im Rahmen der *Natur* ihren Höhepunkt erreicht hatte, ging sie über in das Gebiet der Geschichte der Gesellschaft und des menschlichen Geistes, in das Gebiet des Denkens, in dem die Materie sich selbst bekennt."[3]

Die neue Wissenschaft wurde durch eine prinzipiell andere Einstellung zur Welt, zur objektiven Wirklichkeit charakterisiert. So hatte zum Beispiel China zu Beginn unserer Zeitrechnung einen hohen Entwicklungsstand der Wissenschaften erreicht. Die chinesische Wissenschaft entwickelte sich im Rahmen der staatlichen Struktur des Mandarinats, das die Förderung der Wissenschaft nur bis zu einer gewissen Grenze zuließ und sich auf den Konfuzianismus als ethisch-soziales

[2] Engels, F., Dialektik der Natur. Notizen und Fragmente. Aus der Geschichte der Wissenschaft, in: MEW, Bd. 20, Berlin 1962, S. 456f.

[3] Kedrov, B. M., Otnošenije mezdu fundamental'nymi i prikladnymi naukami, in: Voprosy filosofii, 2/1972, S. 40.

System stützte, der eine mehr interpretierende Rolle des Menschen in bezug auf eine – als bereits vorhanden dargestellte – ideale Weltordnung betonte.

Die europäische Wissenschaft war dagegen auf die aktive Einstellung des Wissenschaftlers zur Natur und auf deren Umgestaltung ausgerichtet.

Diese Merkmale der neuen Wissenschaft, die in ihrer sichtbaren Verknüpfung mit der Entwicklung der Produktivkräfte bestehen, können in Ansätzen im Verlaufe der Jahrtausende festgestellt werden. Der Bau von Staudämmen, Straßen und Kanälen, der Kampf gegen Überschwemmungen stimulierten zum Beispiel im alten Ägypten die Entwicklung der Astronomie und Mathematik.[4] Die Medizin, eine uralte Wissenschaft, führt ihren Fortschritt auf ebenfalls uralte Bedürfnisse des Menschen zurück. Diese Entwicklungen blieben trotzdem nur Episoden in der Geschichte der Wissenschaft, da im Rahmen der bestehenden gesellschaftlichen Verhältnisse, religiösen Glaubensrichtungen und Moral unüberwindliche Hindernisse für die Herausbildung der modernen Wissenschaft bestanden.

Andererseits kennen wir die Entwicklung der Wissenschaften in der Antike, die sich nicht immer auf bewußt anerkannte materielle Bedürfnisse und Belange der Gesellschaft stützten und im wesentlichen die andere Seite des Erkenntnisprozesses demonstrierten: das Bedürfnis des Menschen zum Eindringen in die Geheimnisse von Natur und Gesellschaft, die Freude an der geistigen Tätigkeit, an einem wissenschaftlichen Meinungsstreit. Denn die Wissenschaft beruht sozusagen auf zwei Säulen: der Befriedigung sowohl materieller als auch geistiger oder kultureller Bedürfnisse der Menschen.

Trotzdem kann festgestellt werden, daß die Verbindung der gesellschaftlichen Produktivkräfte mit der Wissenschaft in der Vergangenheit qualitativ anders aussah als heute. Die Produktivkräfte waren von der Entwicklung der Wissenschaft nicht direkt abhängig. Die Industrie wuchs im wesentlichen auf der Basis von bestehenden Technologien und ihren allmählichen Weiterentwicklungen; neue Erzeugnisse wurden

[4] Engels, F., Dialektik der Natur, a. a. O., S. 456.

durch einfaches Experimentieren („Basteln") durch die „Versuch-Irrtum"-Methode geschaffen.

Es gab sicher Ausnahmen, wie zum Beispiel die chemische Industrie, die sich von Anfang an auf die Wissenschaft Chemie stützte.

An diesen und anderen Beispielen haben Marx und Engels die großen Möglichkeiten der Wissenschaft für die Entwicklung der gesellschaftlichen Produktivkräfte bereits in deren Anfängen erkannt und ausgewiesen.

Wenn wir die These von der voneinander relativ unabhängigen Entwicklung der Wissenschaft und der Produktivkräfte in der Vergangenheit aufgestellt haben, so darf dies nicht zu einfach verstanden werden.

Wenn man versucht, Erkenntnisse der Wissenschaft jener Zeit sowohl mit wichtigen Durchbrüchen, qualitativen Sprüngen in der Entwicklung der Produktivkräfte als auch mit zahlreichen weniger bedeutenden Innovationen zu korrelieren, so scheint die obengenannte These ohne weiteres bestätigt zu sein. Denn was haben in Wirklichkeit die Einführung der Dampfmaschine oder die Entwicklung des Webstuhls mit der Wissenschaft zu tun? Haben sich die Brüder Wright auf wissenschaftliche Erkenntnisse der Naturgesetze gestützt, um ein Flugzeug zu bauen?[5]

Man könnte an Hand dieser und anderer Beispiele leicht zu der Schlußfolgerung gelangen, daß der Sinn der Tätigkeit von Generationen von Wissenschaftlern vielmehr darin bestand, uns den Beginn der wissenschaftlich-technischen Revolution zu ermöglichen. Und doch wäre dies eine unberechtigte Simplifizierung des tieferen Zusammenhanges von Produktivkräften und Wissenschaft in der Vergangenheit, die nicht ohne Auswirkungen auf die bessere Einschätzung der Rolle der Wissenschaft für die Entwicklung der Produktivkräfte in Zukunft bliebe. Durch die Masse bekannter und auch im einzelnen unbekannter, gelungener sowie mißlungener Forschungsergebnisse wurde durch die Lehre und sonstige Verbreitung von wissenschaftlichen Erkenntnissen der fruchtbare

[5] James Watt war ein Feinmechaniker; der erste brauchbare Webstuhl stammte vom Pfarrer Cartwight; die Brüder Wright waren Besitzer einer Fahradfabrik.

Boden für zahlreiche Innovationen mit vorbereitet, die danach nach außen als „Bastlerwerke" in Erscheinung traten.

Nach dem zweiten Weltkrieg (manche Autoren nennen die 60er Jahre)[6] begann ein Prozeß, der heute die Bezeichnung wissenschaftlich-technische Revolution trägt. Damit werden die qualitativ neue Stellung der Wissenschaft im System der Produktivkräfte, das stürmische Tempo dieser Entwicklung, Breite und Tiefe der Durchdringung des gesellschaftlichen Reproduktionsprozesses, wichtige qualitative Durchbrüche in der Wissenschaft, systematische Anwendung von Forschungsergebnissen in der Praxis usw. zum Ausdruck gebracht.

Die Verbindung der Vorzüge des sozialistischen Wirtschaftssystems mit der wissenschaftlich-technischen Revolution bildet eine breite Basis für eine vielseitige und mannigfaltige Befriedigung von gesellschaftlichen und individuellen, materiellen und geistigen Bedürfnissen und treibt die Wissenschaft im Sozialismus gewaltig voran.[7]

Bekanntlich ist die Entwicklung der Produktivkräfte kein Selbstzweck. Ihr hoher Entwicklungsstand schafft bessere Voraussetzungen für eine umfangreiche Befriedigung der Bedürfnisse. Der Kreis von Wechselwirkungen schließt sich, indem die bessere Befriedigung von Bedürfnissen auf die Wissenschaft zurückwirkt. Verfolgen wir dies nur an einer Kette solcher Zusammenhänge und Wechselwirkungen, und zwar am Beispiel der Verbreitung von Forschungsergebnissen in Form von Erzeugnissen und Dienstleistungen für die Bevölkerung. Die Konsumtion erweitert in diesem Fall die Basis für die wissenschaftliche Forschung, bietet andere Möglichkeiten ihrer Versorgung mit Ressourcen und Kadern.

Der tägliche Umgang der Bevölkerung mit hochwertigen forschungsintensiven technischen Konsumgütern, der bereits zu den Reproduktionskosten einer Arbeitskraft gehört, erhöht wiederum die allgemeine technische Kultur des Wachstumsfaktors Arbeitskraft. Demzufolge bereitet die Befriedigung bestimmter Bedürfnisse den Menschen für die wissen-

[6] Vgl. Shamin, V. A., Ėkonomija i nauka socializma, Moskau 1971, S. 5.

[7] Vgl. Hager, K., Sozialismus und wissenschaftlich-technische Revolution, Berlin 1972, S. 23f.

schaftliche Forschung oder den Einsatz in einem modernen Produktionsbetrieb vor.

Der Umgang mit der modernen Technik, der mit viel Anschaulichkeit bereits zu Hause dem Kind vermittelt wird, schafft eine günstige Ausgangsbasis für die Ausbildung in der Schule, im Betrieb und an der Hochschule.

Der Verbrauch von hochwertigen forschungsintensiven Industriegütern bildet gleichzeitig das Kriterium der Praxis, das für die Einschätzung zumindest eines Teils der wissenschaftlichen Forschung angewandt werden kann. Die Verbreitung (Diffusion) der Forschungsergebnisse der technischen Wissenschaften sowie der Naturwissenschaften über die Konsumtion gibt einen starken Antrieb nicht nur für die Entwicklung der technischen Wissenschaften und der angewandten Gebiete der Naturwissenschaften, sondern auch für die der Gesellschaftswissenschaften.

Es muß berücksichtigt werden, daß für Zwecke der Demonstration von gegenseitigen Wechselwirkungen zwischen Produktivkräften, Wissenschaft und Lebensniveau stets nur ein Ausschnitt aus dem gesamten Komplex der Beziehungen genommen wird, die die harmonische Entwicklung von materiell-technischer Basis, sozialistischen Produktionsverhältnissen, sozialen Beziehungen und geistig-kulturellem Überbau charakterisieren.[8]

Es wäre wiederum eine starke Simplifizierung, den hohen Stand der Entwicklung der Wissenschaft mit einem hohen Niveau der Konsumtion zu identifizieren. Das Verhältnis des hohen Standes der Entwicklung der Produktivkräfte mit der daran anschließenden Konsumtion zur Wissenschaft setzt sich in der Tendenz durch und trägt langfristigen Charakter. Dies ist auch darauf zurückzuführen, daß die Wissenschaft bestimmte eigene Gesetzmäßigkeiten der Entwicklung hat. Sie wird von einem ganzen Komplex von Bedingungen für ihre schöpferische Entwicklung (bis hin zum Forschungsklima) beeinflußt.

Da die Wissenschaft eine wichtige Rolle bei der Erhöhung der Effektivität des gesellschaftlichen Reproduktionsprozesses

8 Vgl. Reinhold, O., Der historische Platz der entwickelten sozialistischen Gesellschaft, in: Einheit, 11/1972.

und der Erfüllung der Hauptaufgabe spielt, kann sich der Schematismus in der Auffassung dieses komplizierten Verhältnisses insgesamt negativ auswirken.

Das Kriterium Praxis bei der Beurteilung des Wirksamwerdens der Wissenschaft steht mit der Entwicklung der Produktivkräfte und der Befriedigung von Bedürfnissen in einem engen Zusammenhang. Bekanntlich wurde dieses Kriterium als das Kriterium der Übereinstimmung unserer Kenntnisse mit der objektiven Wahrheit von den Klassikern des Marxismus-Leninismus eingeführt.[9]

Lenin selbst hat hervorgehoben: „Der Gesichtspunkt des Lebens, der Praxis muß der erste und grundlegende Gesichtspunkt der Erkenntnistheorie sein."[10]

Gleichzeitig warnte Lenin vor der Simplifizierung dieses Kriteriums, das genau so dialektisch und materialistisch wie auch andere Feststellungen der marxistisch-leninistischen Erkenntnistheorie angewandt werden muß.

Er schrieb: „Freilich darf dabei nicht vergessen werden, daß das Kriterium der Praxis schon dem Wesen der Sache nach niemals irgendeine menschliche Vorstellung vollständig bestätigen oder widerlegen kann. Auch dieses Kriterium ist ‚unbestimmt' genug, um die Verwandlung der menschlichen Kenntnisse in ein ‚Absolutum' zu verhindern, zugleich aber auch bestimmt genug, um gegen alle Spielarten des Idealismus und Agnostizismus einen unerbitterlichen Kampf zu führen."[11]

Es geht nicht nur darum, daß dieses Kriterium in der praktischen Tätigkeit manchmal zu simpel aufgefaßt wird. Danach wird oft als Prüfstein Praxis jedes administrative Glied in der Kette materielle Produktion-Wissenschaft bezeichnet, das verwaltungsmäßig der materiellen Produktion nahesteht.

Sogar in einem strengeren Sinne dieses Wortes weist heute das Kriterium Praxis viele Besonderheiten auf, wozu folgendes zu sagen ist: *Erstens* dauert es mehrere Jahre, bis die Auswirkungen nicht nur der Grundlagenforschung, sondern auch der angewandten Forschung in den Produktivkräften sichtbar werden, trotz der oft betonten Verringerung der Zeitspanne

[9] Vgl. Lenin, V. I., Materialismus und Empiriokritizismus, in: Werke, Bd 14, Berlin 1962, S. 140.

[10] Ebenda, S. 137.

[11] Ebenda.

zwischen einer Entdeckung und ihrer Umsetzung in die Praxis. (Es werden oft zum Zweck der Illustration einer richtigen These über die Beschleunigung des Tempos der Entwicklung der Wissenschaft und Nutzbarmachung ihrer Ergebnisse ausgesuchte Beispiele herangezogen.)

Zweitens entstehen im Zuge der Entwicklung der Wissenschaft Gebiete, die auf deduktive Weise durch die Anwendung der Mathematik und Logik rein spekulativ ausgearbeitet werden. (Die formale Logik – eine deduktive Wissenschaft – kann mit dem Begriff Praxis nur auf Umwegen durch die Anwendung ihrer Erkenntnisse in den induktiven, das heißt mehr oder weniger experimentellen Wissenschaften überprüft werden.

Drittens wird das Kriterium Praxis auch auf dem Gebiet der sogenannten exakten Wissenschaften (Natur- und technischen Wissenschaften) dadurch erschwert, daß sich in der Analyse an die Widerspiegelung der objektiven Wirklichkeit noch komplizierte Geräte anknüpfen. Man kann deshalb schwer beurteilen, ob sich eine Erscheinung nicht aus einer bestimmten Kombination Mensch – Gerät – Gegenstand ergeben hat.[12]

Bei der Synthese des Wissens ist die Überprüfung nicht selten nur an einem Teilexperiment möglich, das jedoch infolge der Wirkung der dialektischen Kategorie des Übergangs der Quantität in eine neue Qualität bei der späteren Anwendung im vollen Umfang nicht unbedingt repräsentativ sein muß.

Offensichtlich wird sich die Anwendung des Kriteriums Praxis in der Zukunft noch weiter komplizieren. Gleichzeitig wird am Beispiel der Gebiete, auf denen das Kriterium Praxis eindeutiger durchzuführen ist – zum Beispiel in der Raumfahrtforschung (in der Raumfahrtforschung ist offensichtlich eindeutiger festzustellen, welches Teilsystem innerhalb eines komplizierten Systems richtig oder falsch funktioniert hat, woraus sich die Konsequenzen zur Beseitigung von Mängeln ergeben) –, ersichtlich, welche entscheidende Bedeutung die Anwendung dieses Kriteriums hat.

Solange es um die wissenschaftliche Forschung auf dem Gebiet der sogenannten exakten Wissenschaften im Stil des

12 Vgl. Omeljanovskij, M. E., Osobennosti vzaimodejstvija mikroob'-jektovs ismeritel' nymi priborami, in: Voprosy filosofii, 5/1971, S. 91–92.

vorigen bzw. des Anfangs unseres Jahrhunderts ging, war das Kriterium Praxis relativ einfach anzuwenden. So war es und bleibt es offensichtlich, solange die Überprüfung eines Forschungsergebnisses keine unwiderruflichen negativen Folgeprozesse aus seiner Anwendung hervorrufen kann.

Die Schwierigkeit und Kompliziertheit – in manchen Fällen sogar Gefährlichkeit – des Experimentierens bei der Überprüfung bestimmter Forschungsergebnisse mit Hilfe des Kriteriums Praxis aber hebt die Rolle der Simulation hervor (zum Beispiel bei der Überprüfung bestimmter Waffensysteme).

Bereits auf dem Gebiet des Militärwesens zeigte die Simulation die Möglichkeit der Überprüfung von Forschungsergebnissen komplexer Natur.

Das Kriterium Praxis tritt zunächst im Simulationsprozeß auf. Die Simulation erfordert eine komplexe Betrachtungsweise, das Vorausschauen möglicher Folgen eines Forschungsergebnisses. Bei der Simulation, die möglichst wirklichkeitstreu durchgeführt werden muß, sind zahlreiche und unterschiedliche Informationseinflüsse effektiv zu verarbeiten. Dies erfordert Systemherangehen und Anwendung moderner technischer Mittel der Informationsverarbeitung. Damit hängt die Anwendung des Kriteriums Praxis bei der Meisterung des wissenschaftlich-technischen Fortschritts nicht selten mit der Vorausschau der kausalen Zusammenhänge infolge der Verwertung eines Ergebnisses aus der wissenschaftlichen Forschung zusammen. Die sozialistische Gesellschaftsordnung bietet dabei besonders günstige Voraussetzungen für die Beherrschung der Komplexität. Mit Hilfe der Simulation ist es möglich, verschiedene Forschungsergebnisse auf ihre Folgeprozesse und verschiedenen Nebenwirkungen durchzuspielen.

Die Simulation ist nur dann effektiv und führt nur dann zu keinen falschen Entscheidungen, wenn sie sich auf die Kenntnisse der objektiv wirkenden Gesetze in der Natur und Gesellschaft stützt.[13]

Die Wissenschaft als Ganzes beschäftigt sich mit der Untersuchung dieser Gesetze und Gesetzmäßigkeiten. Ihre Er-

[13] Vgl. dazu Kedrov, B. M., Otnosenije mezdu fundamentel'nymi i prikladnymi naukami, in: Voprosy filosofii, 2/1972, S. 46.

forschung – zunächst davon abgesehen, in welchem gewünschten Zusammenhang und im Lichte welches unmittelbaren ökonomischen Nutzens wir sie sehen möchten – ist der Gegenstand der Grundlagenforschung.[14]

Die Kenntnis der aus der Grundlagenforschung ermittelten Gesetze und Gesetzmäßigkeiten hilft uns, gewünschte Ziele wissenschaftlich fundiert festzulegen und nach den zu ihrer Realisierung notwendigen Erkenntnissen, das heißt Gesetzen und Gesetzmäßigkeiten in bereits definierten Richtungen, konzentriert weiter zu forschen (angewandte Forschung). Die komplexe Betrachtung der Wissenschaft als Ganzes wird vervollständigt, wenn das Wissen über konkrete Wege und Mittel zur Realisierung von gewünschten Zielen in der Praxis seitens der Forschung erarbeitet wird (Entwicklungsstufe der wissenschaftlichen Forschung).

Auswirkungen der wissenschaftlichen Forschung tragen heute einen globalen, sogar außerplanetaren Charakter. Die Wissenschaft ist in ihren Auswirkungen so mächtig geworden, daß die Gewinnung und Anwendung von Forschungsergebnissen die Kenntnis zweier Arten von Gesetzen erfordert: Erstens sind dies die Gesetze, die als Basis für neue Entwicklungen dienen, und zweitens sind es die Gesetze, die durch die Anwendung von Forschungsergebnissen berührt werden (zum Beispiel Gesetze der Umweltgestaltung). Die Aufgabe der Meisterung des wissenschaftlich-technischen Fortschritts im Sozialismus erfordert einen hohen Entwicklungsstand eines ganzen Komplexes der Natur- und Gesellschaftswissenschaften.

Die Anforderungen, die an die Entwicklung der Gesellschaftswissenschaften gestellt werden, sind bedeutend angestiegen. Auf dem XXIV. Parteitag der KPdSU heißt es dazu: „Wir brauchen eine immer entschiedenere Hinwendung der Gesellschaftswissenschaften zur Bearbeitung von Problemen, die von aktueller Bedeutung für unsere Gegenwart und Zukunft sind.“[15]

[14] Vgl. Hager, K., Sozialismus ..., a. a. O., S. 44.

[15] Breżnev, L. I., Rechenschaftsbericht des Zentralkomitees an den XXIV. Parteitag der KPdSU, Moskau/Berlin 1971, S. 117; dazu auch Der XXIV. Parteitag der KPdSU und die Entwicklung der marxistisch-leninistischen Theorie, Berlin 1971.

Die Erhöhung der Effektivität der Forschung auf dem Gebiet der Gesellschaftswissenschaften sowie die Vertiefung der Zusammenarbeit zwischen den Vertretern der Natur- und der Gesellschaftswissenschaften wurden auf dem VIII. Parteitag der SED gefordert: „Die Kollektivität, der schöpferische Meinungsstreit und die sozialistische Gemeinschaftsarbeit zwischen Gesellschaftswissenschaftlern verschiedener Disziplinen sowie zwischen Gesellschafts- und Naturwissenschaften sind energisch zu fördern."[16]

Die Kompliziertheit und Komplexität der Aufgaben zur Meisterung des wissenschaftlich-technischen Fortschritts, die ein hohes Forschungsniveau auf dem Gebiet der Gesellschaftswissenschaften erfordern, ergeben sich aus dem Wesen der wissenschaftlich-technischen Revolution im Sozialismus. In einem Leitartikel der Zeitschrift „Voprosy filosofii" heißt es dazu: „Die in den historischen Prozeß eingeschlossene wissenschaftlich-technische Revolution ist genau so widersprüchlich wie er selbst; ihr kompliziertes Verhältnis zur Gesellschaft, Ökonomie und zum Menschen ist doppelseitig, ihre sozialen Auswirkungen sind ungewöhnlich tief.

Ihre Behandlung wurde zum Gegenstand einer lebhaften Polemik und einer scharfen ideologischen Auseinandersetzung zwischen den Vertretern ganz unterschiedlicher Richtungen des philosophischen Denkens.

In dieser Polemik gehen die marxistischen Forscher aus von der Auffassung über den widersprüchlichen Charakter der Beziehungen zwischen Gesellschaft und Menschen einerseits und der Wissenschaft und Technik andererseits sowie über die humanistische Richtung ihrer Entwicklung, die Einheit des sozialen und wissenschaftlich-technischen Fortschritts in der sozialistischen Gesellschaft. Sie sind bestrebt, sorgfältig zu erforschen, welche Auswirkungen der sich stürmisch entwickelnden Technik auf das menschliche Leben durch soziale Bedingungen ihrer Anwendung vorausbestimmt und demzufolge nur durch die Veränderung dieser letzten erreicht werden können und welche soziale Aspekte der Technik und

[16] Honecker, E., Bericht des Zentralkomitees, a. a. O., S. 96. Dazu auch Hager, K., Die entwickelte sozialistische Gesellschaft, Berlin 1972.

der Wissenschaft nur durch weitere Entwicklung der Technik sowie der Wissenschaft selbst verändert werden können, weil sie ihnen immanent und allgemein gültig sind. Solche Untersuchungen sind die theoretische Grundlage der sozialen Kontrolle der Entwicklung der Wissenschaft und Technik, die die kapitalistische Welt nicht hat."[17]

Dieses Zitat deutet auf Ausmaß und Bedeutung der gesellschaftswissenschaftlichen Forschung sowie auf mehrere verantwortungsvolle und objektiv notwendige Funktionen hin, die die Gesellschaftswissenschaften zunehmend zu erfüllen haben. Als Beispiel erfordern die Fragen der Leitung der wissenschaftlich-technischen Revolution im Sozialismus die Ausarbeitung konkreter und zielgerichteter Materialien für einzelne Entscheidungsebenen. „Ebenso wie wir jetzt in der Industrie und Landwirtschaft buchstäblich keinen Schritt ohne Inanspruchnahme der neuesten Errungenschaften der Wissenschaft vorankommen können, so ist auch in unserem gesellschaftlichen Leben die Entwicklung der Wissenschaft die notwendige Basis für Entscheidungen, für die tägliche Praxis".[18]

Gleichzeitig müssen theoretische Untersuchungen von darin objektiv wirkenden Gesetzen und Gesetzmäßigkeiten (zum Beispiel unter der Einbeziehung der Erkenntnisse der Systemforschung) durchgeführt werden.

Hier ist bereits eine enge Verknüpfung von theoretischen und praxisnahen Problemen sichtbar.

Im weiteren hängt die Durchsetzung des wissenschaftlich-technischen Fortschritts auf dem Gebiet der Leitung mit der ideologischen Arbeit, mit der Propaganda neuer Erkenntnisse zusammen. Weitere Aufgaben der Gesellschaftswissenschaften auf dem Gebiet der Leitung bestehen in der ideologischen Auseinandersetzung mit bürgerlichen Theorien und Auffassungen sowie in Auswertung und kritischer Verarbeitung bestimmter positiver Erfahrungen aus der kapitalistischen Wirtschaftspraxis. Bei der gesamten Forschung zu Fragen der Leitung wird ausgegangen vom Marxismus-Leninismus, der

[17] Čelovek – nauka – technika, in: Voprosy filosofii, 8/1972, S. 30.

[18] Brežnev, L. I., Das Sowjetvolk zeigt der Menschheit neue Horizonte und neue hohe Ideale, in: Neues Deutschland vom 22. 12. 1972, S. 7.

fortschrittlichsten und revolutionären Wissenschaft der Gegenwart.[19]

Weitere Fragen, die sich auf eine noch bessere Erforschung der wissenschaftlich-technischen Revolution beziehen, hängen offensichtlich mit der Vervollkommnung des Erkenntnisapparates und mit der Ausarbeitung und Beherrschung der Technik der Zusammenarbeit zwischen den Vertretern der Gesellschafts-, Natur- und technischen Wissenschaften zusammen. Dies hängt nicht zuletzt von der effektiven Beherrschung der Synthese eines großen Quantums an heterogenem Wissen ab. Hinzu kommt noch die Technik der Simulation, da – wie bereits geschildert – sich die Notwendigkeit der Simulation aus den dem Forschungsgegenstand manchmal innewohnenden Grenzen ergibt.

Wenn wir die Arbeiten von Marx unter dem Informationsaspekt betrachten, so verdeutlichen sie eindeutig, welche riesigen Informationsmassive aus unterschiedlichen Angaben quantitativer und qualitativer Natur verarbeitet werden müssen, bevor auf dem Gebiet der Gesellschaftswissenschaften wichtige Aussagen zu bestimmten Gesetzen und Gesetzmäßigkeiten der gesellschaftlichen Entwicklung möglich sind.

Es muß dabei berücksichtigt werden, daß zum Beispiel die Problematik der wissenschaftlich-technischen Revolution gegenwärtig noch mit höheren Größenordnungen im Informationsumfang verbunden ist. Von dieser Seite betrachtet, muß man offensichtlich sowohl die spezifische Informationsproblematik als auch die damit verbundene Synthese des Wissens bewältigen.

Um zu wichtigen Erkenntnissen von Gesetzen und Gesetzmäßigkeiten der gesellschaftlichen Entwicklung zu gelangen, haben die Klassiker des Marxismus-Leninismus mehrere Länder studiert: „Marx war der Fortführer und genialer Vollender der drei geistigen Hauptströmungen des 19. Jahrhunderts in den drei fortgeschritteneren Ländern der Menschheit: der klassischen deutschen Philosophie, der klassischen

[9] Die Anforderungen an die komplexe Betrachtung und Erforschung von Problemen auf dem Gebiet der Gesellschaftswissenschaften gehen aus dem Plan der gesellschaftswissenschaftlichen Forschung der DDR hervor (vgl. Hager, K., Sozialismus . . ., a. a. O., S. 41–42).

englischen politischen Ökonomie und des französischen Sozialismus in Verbindung mit den französischen revolutionären Lehren überhaupt."[20]

Bei der Arbeit am „Kapital" hat Marx nicht nur Materialien über das damals industriell fortgeschrittene England ausgewertet, sondern sich auch Kenntnisse über die indische Gesellschaft angeeignet. Man darf offensichtlich nicht unterschätzen, daß die Klassiker des Marxismus-Leninismus große Internationalisten waren, die mehrere Sprachen beherrschten und viele Länder in der Mannigfaltigkeit ihrer konkreten Entwicklungsbedingungen kannten.

Dies half ihnen, das Allgemeine im Spezifischen und das Spezifische im Allgemeinen zu erkennen und zu erforschen.

Von der Seite des Instrumentariums der Beherrschung der Komplexität in den Gesellschaftswissenschaften betrachtet, sind das alles Probleme, die bei der Weiterentwicklung der Methoden der gesellschaftswissenschaftlichen Forschung ausgewertet werden müssen.

Eine effektive Förderung der wissenschaftlichen Forschung im Interesse der Entwicklung der Produktivkräfte und der Befriedigung zahlreicher Bedürfnisse der Praxis kann nur unter Wahrung der Eigenart, der inneren Gesetze und Gesetzmäßigkeiten oder – wie es manchmal anders ausgedrückt wird – der inneren Logik der Entwicklung der Wissenschaft erfolgen. Worum geht es dabei? Sicher nicht um die Verselbständigung der Wissenschaft.

Die innere Logik der Entwicklung der Wissenschaft ist ein umfassender Begriff. Unter anderem drückt er aus: komplizierte dialektische Zusammenhänge und Wechselwirkungen in der Entwicklung der Produktivkräfte und der Wissenschaft, Befriedigung von bestimmten Bedürfnissen der Praxis und Heranreifen von dafür notwendigen Voraussetzungen in der wissenschaftlichen Forschung. Er bedeutet objektive Notwendigkeit von Vorstufen und Vorleistungen in der Wissenschaft, bevor das erwünschte Ergebnis erzielt wird. Diese innere Logik reicht bis zum Mechanismus der Entdeckungen und Erfindungen, der Zusammenhänge und Wechselwirkungen in der Entwicklung der Wissenschaft.

20 Lenin, V. I., Karl Marx, in: Werke, Bd 21, Berlin 1960, S. 38.

Zum Beispiel wurde auf dem XXIV. Parteitag der KPdSU die Aufgabe gestellt, in „der Perspektive ein gesamtstaatliches automatisiertes System der Informationserfassung und -verarbeitung zu schaffen".[21] Das Bedürfnis, unter der Ausnutzung der Vorzüge des sozialistischen Wirtschaftssystems ein globales Leitungsinstrument für die Partei und Regierung zu entwickeln, bestand sicher schon seit langem. Und doch waren viele Jahre geduldiger wissenschaftlicher Forschung in mehreren Ländern erforderlich, bevor von der Seite der Technik die Voraussetzungen für die Schaffung eines solchen Systems herangereift waren. Viele wissenschaftliche Forschungen auf diesem Gebiet wurden auch ohne irgendwelchen Bezug zum OGAS (dem obengenannten automatisierten System) durchgeführt.

Diese Aufgabe wird nicht kurzfristig, sondern „in der Perspektive" gelöst, weil die inneren Voraussetzungen der Entwicklung der Wissenschaft, zum Beispiel auf bestimmten Gebieten der politischen Ökonomie oder der Informationstheorie, noch nicht so weit gediehen sind, die Bedingungen noch nicht in dem notwendigen Umfange herangereift sind.

Die innere Logik der Wissenschaft setzt sich jedoch nicht im Selbstlauf durch. Dadurch, daß die obengenannte Aufgabe auf dem XXIV. Parteitag gestellt, das heißt ein solches Bedürfnis in seiner gesellschaftlichen Bedeutung anerkannt wurde, wird dies der Wissenschaft „mehr als 10 Universitäten" voranhelfen.

Die Praxis kann an die Wissenschaft verschiedene Aufgaben stellen; wenn jedoch innere Voraussetzungen der Wissenschaft dafür nicht ausgereift sind, werden sie ungelöst bleiben, wenn man sich auch das Gegenteil wünschen möchte. So stellte man zum Beispiel im Mittelalter die Aufgabe, ein Lebenselixier zu gewinnen. In unserer Zeit versucht die Medizin der ganzen Welt, gegen Krebs effektive Mittel zu entwickeln. Bisher konnten trotz großer finanzieller Aufwendungen und erheblicher Anstrengungen zahlreicher Forschungskollektive nur relativ bescheidene Teilerfolge erzielt werden.

„Die Wissenschaft kann keine Antwort auf ein entstandenes Bedürfnis geben, wenn sich in ihr selbst die Bedingungen

[21] Brežnev, L. I., Rechenschaftsbericht . . ., a. a. O., S. 92.

für die Lösung der gegebenen Frage nicht ausgereift sind."[22]

Da der praktische Nutzen mancher Gebiete der angewandten Forschung besonders deutlich ins Auge fällt, weil durch sie bestimmte politische, ökonomische, soziale und sonstige Ziele ihrer Realisierung zugeführt werden, entsteht das Verlangen, solche Gebiete vorrangig zu entwickeln, um noch größeren Nutzen zu erzielen. Wenn dabei die bereits erwähnte innere Logik der Entwicklung der Wissenschaft nicht berücksichtigt wird, kann dies unter Umständen dazu führen, daß diese bevorzugten Gebiete selbst immer steriler werden.[23] Die Zunahme des neuen Wissens hat in diesem Fall den Charakter der Annäherung an eine Asymptote, das heißt, sie strebt zwar in Richtung Unendlich, wird jedoch mit jedem weiteren Schritt im Ergebnis immer geringer. Der Sprung zu einer neuen Stufe des Wissens wie etwa bei einer Hüllkurve kann dabei ausbleiben, weil andere Forschungsgebiete mit möglichen neuen Lösungswegen vernachlässigt werden.

In der Entwicklung der Wissenschaft bestehen bestimmte innere Zusammenhänge, Wechselwirkungen, gegenseitige Befruchtungen von Wissenschaftsdisziplinen. Es vollziehen sich Prozesse der Integration und Differenzierung. Einige Wissenschaftsgebiete, auf denen beim Eindringen in die Gesetze der Natur und Gesellschaft, ihrer tieferen Erforschung und Anwendung der gewonnenen Kenntnisse in der Praxis besonders erhebliche Erfolge erzielt werden, üben einen bedeutenden Einfluß auf andere Wissenschaftsdisziplinen aus, übernehmen die führende Rolle bei dem Vorwärtsschreiten der gesamten Wissenschaft.

Die führende Rolle einzelner Wissenschaften muß jedoch in ihrer dialektischen Widersprüchlichkeit aufgefaßt werden. Historisch betrachtet wird diese ungleichmäßige Entwicklung durch unterschiedliche Gebiete in einzelnen Wissenschaftsdisziplinen und durch verschiedene Disziplinen unter den Wissenschaftsdisziplinen hervorgerufen. Die führende Rolle wechselte und damit auch der Charakter der Wechselwir-

22 Mikulinskij, S. P., Markova, L. L., O različnom ponimanii dvižušich sil razvitija nauki, in: Voprosy filosofii, 8/1971, S. 110.

23 Auf diese Tatsache verweist zum Beispiel B. Ignat'ev in dem Artikel: Nauka kak ob'ekt upravlenija, in: Voprosy filosofii, 11/1971, S. 21.

kungen. Dies führt – durch alle Widersprüche hindurch – zu einer gleichmäßigen Entwicklung der Wissenschaft – der Wissenschaft als Ganzen (als langfristige Tendenz). Daraus wird die Bedeutung einer breiteren Anlage der Grundlagenforschung, insbesondere im Rahmen des RGW, ersichtlich, damit Veränderungen innerhalb der gesamten Wissenschaft rechtzeitig erkannt und daraus entsprechende Konsequenzen gezogen werden.

Gegenseitige Beeinflussung kann man auch zwischen Natur- und Gesellschaftswissenschaften verfolgen. Man spricht zum Beispiel mit Recht von der Mathematisierung der Ökonomie, indem auf die zunehmende Anwendung von ökonomisch-mathematischen Methoden hingewiesen wird. Dabei handelt es sich offensichtlich um die Anwendung der Mathematik in der Ökonomie, die durch die Forschung in der Physik gefördert wurde. So sehen wir am Beispiel von Wachstumsmodellen analoge kausale Zusammenhänge, die die Form von Funktionen annehmen. Dabei geht es um Trends, eschleunigung, stabile statistische Beziehungen, Masse, Ableitungen bei der Beschleunigung, Trägheitseffekte, Regression und Korrelation, die ursprünglich als Instrument der physikalischen Forschung entwickelt und angewandt wurden, das heißt nicht zuletzt durch die Erforschung von Gesetzen der nichtlebenden Natur. Die Anwendung dieser mathematischen Methoden, die sich letzten Endes auf die Analogie zwischen bestimmten Vorgängen in der nichtlebenden Natur und der Ökonomie stützt, erweist sich in gewissen Grenzen als relevant. Es zeigen sich jedoch die Grenzen der Analogie, wenn ökonomische Vorgänge in komplizierten Wachstumsprozessen untersucht werden, Zusammenhänge aus Einzel- und Gesamtinteressen, komplizierte Informationsbeziehungen, Leitung und Organisation von komplizierten Systemen, die nicht den Determinismus der nichtlebenden Natur, keine in dem Maße eindeutige Kausalität aufweisen, sich mengenmäßig in der Tendenz als Ergebnis von mehreren entgegengesetzten Wirkungen durchsetzen usw.

Daraus werden gewisse Analogien zur Biologie in bezug auf die Entwicklung des Instrumentariums sichtbar.[24]

[24] Bemerkenswert ist, daß diese Analogien zu biologischen Prozessen in bezug auf die Entwicklung des Instrumentariums der Forschung –

Gleichzeitig ist von der Biologie zu erwarten, daß sie perspektivisch die Rolle einer führenden Wissenschaft neben der Physik übernehmen wird. Man kann in diesem Zusammenhang voraussehen, daß dadurch solche Wissenschaftsdisziplinen wie Systemtheorie, Kybernetik, mathematische Logik, Informationstheorie und andere einen bedeutenden Antrieb erhalten werden.

Dies wird nicht ohne Auswirkung auf eine Reihe von Gesellschaftswissenschaften, zum Beispiel auf die Ökonomie, bleiben. Dadurch wird es offensichtlich möglich sein, daß diese Entwicklung zur Technik der Lösung wichtiger Probleme der Organisation, Planung und Leitung in der Ökonomie beitragen wird.

Bekanntlich hat der XXIV. Parteitag der KPdSU den Fragen der Entwicklung der Wissenschaft, den Problemen des wissenschaftlich-technischen Fortschritts, eine große Aufmerksamkeit gewidmet. Auffallend ist dabei die Verbindung der gestiegenen Anforderungen an die wissenschaftliche Forschung mit der Pflege der Eigenart der Wissenschaft, der Schaffung von günstigen Bedingungen für die Forschung, die sich letzten Endes in dem höheren Niveau der Forschungsergebnisse niederschlagen werden.

Die KPdSU hebt die Bedeutung der „weiteren Entfaltung der Grundlagenforschung" hervor, fordert gleichzeitig „die

zum Beispiel über komplexe Probleme des wissenschaftlich-technischen Fortschritts — manchmal von einigen Wissenschaftlern mit Skepsis betrachtet werden. Dabei ist ihnen vielleicht nicht immer bewußt, daß die sogenannten exakten Methoden, die sie in der Praxis anwenden, nicht selten aus Analogien zu den Prozessen der nichtlebenden Natur abgeleitet werden.

So ist zum Beispiel die Analogie zwischen Wissenschaftlern und „Zellen" in einem biologischen Organismus zu den wirklichen Wachstumsprozessen in der Wissenschaft näher als die Analogie zu „Molekülen" in einer „Gasmenge" der Wissenschaft, die für die Ableitung von einigen Typen von logistischen Funktionen bei der Prognose des wissenschaftlich-technischen Fortschritts benutzt wird. (Vgl. dazu zum Beispiel Hartmanns Modell [Jantsch, E., Technological Forecasting in Perspective, OECD, Paris 1967, S. 148–149]; einige Analogien von Price, in: D. J. de Solla Price, Little Science, Big Science, New York/London 1963; Wissenschaft, Studien zu ihrer Geschichte, Theorie und Organisation, hrsg. v. Kröber, G., Steiner, H., Berlin 1972, S. 196.)

Konzentration der Kräfte und der Aufmerksamkeit der Wissenschaftler auf die wichtigsten und perspektivreichsten Richtungen des wissenschaftlich-technischen Fortschritts."[25] Die KPdSU übt unter Wahrung der Besonderheiten, inneren Gesetze und Gesetzmäßigkeiten der Entwicklung der wissenschaftlichen Forschung einen flexiblen und sowohl den Anforderungen der Praxis als auch denen der Wissenschaft entsprechenden Leitungsstil aus.

Es wird gleichzeitig die Bedeutung solcher Bedingungen für die Forschung betont, die es verhindern, daß bestimmte Wissenschaftler sich „mit Dingen beschäftigen, die überhaupt nichts mit den unmittelbaren praktischen Bedürfnissen des Landes oder der wahren Interessen der Entwicklung der grundlegenden Wissenschaftszweige zu tun haben."[26]

Es wird verlangt, die Anforderungen an die Auswahl der Kader für die wissenschaftliche Forschung zu erhöhen. Des weiteren wird die Bedeutung der schöpferischen Atmosphäre in einem Kollektiv hervorgehoben: „Es ist von Bedeutung, daß in jedem Wissenschaftlerkollektiv eine wahrhaft schöpferische Atmosphäre herrscht, eine Atmosphäre kühnen Forschens, fruchtbarer Diskussionen und mit Kameradschaftlichkeit verbundener hoher gegenseitiger Anforderungen."[27]

In den Dokumenten des XXIV. Parteitages wird nicht nur eine größere Hinwendung der wissenschaftlichen Arbeit in den Natur- und Gesellschaftswissenschaften zu den Aufgaben der Praxis gefordert, sondern Anforderungen an die Praxis gestellt, solche Bedingungen zu schaffen, „die die Betriebe zwingen, neueste Erzeugnismuster herauszubringen, wissenschaftlich-technischen Neuigkeiten buchstäblich nachzujagen, statt vor ihnen zurückzuschrecken wie – bildhaft gesprochen – der Teufel vor dem Weihwasser."[28]

Bekanntlich hat Karl Hager in seinem Referat „Sozialismus und wissenschaftlich-technische Revolution" die gleichen Fragen ausführlich behandelt.[29]

[25] Brežnev, L. I., Rechenschaftsbericht . . ., a. a. O., S. 76.

[26] Ebenda, S. 118–119.

[27] Ebenda, S. 119.

[28] Ebenda.

[29] Hager, K., Sozialismus . . ., a. a. O.

Die Ausführungen über das wechselseitige Verhältnis zwischen Praxis und Wissenschaft verdienen besondere Beachtung. Es muß vermieden werden, daß die wissenschaftliche Forschung durch mangelhafte Beziehungen zwischen Praxis und Wissenschaft in einen Circulus vitiosus gerät. Zum Beispiel stellt die Praxis erhöhte Anforderungen an den Entwicklungsstand der ökonomischen Modelle. Die Vervollkommnung von bestimmten Modellen hängt von ihrer Überprüfung in der Praxis ab. Wenn diese Bedingungen nicht gegeben sind, bleibt die Ausarbeitung von Modellen hinter den Anforderungen der Praxis zurück.

In der bisherigen Darstellung von Beziehungen zwischen Wissenschaft und Praxis wurden einige Fragen grundsätzlicher Natur gestellt.

Bei der Arbeit an der Lösung von komplexen Problemen des wissenschaftlich-technischen Fortschritts ergeben sich aber noch weitere Fragen, die ebenfalls verallgemeinerungsfähig sind und im folgenden noch kurz angeschnitten werden sollen.

Es zeigt sich zunächst, daß Aufgaben, die der Wissenschaft aus der Praxis gestellt werden, oft einer grundsätzlichen Analyse bedürfen, bevor an ihre erfolgreiche Lösung gegangen werden kann. Für das eigentliche Problem dürfen nämlich nicht einzelne Symptome gehalten werden, die zunächst auffallen können und für das eigentliche Problem gehalten werden, das zu lösen ist.

Eine Aufgabe darf auch nicht so formuliert werden, daß zum Zeitpunkt ihrer Lösung die Ergebnisse der Forschung bereits veraltet sind. Falls bei dem gegenwärtigen Entwicklungsstand eines Wissenschaftsgebiets national oder international die erwünschte Lösung einer Aufgabe nicht möglich ist, muß sie neu überprüft werden, um eventuell andere Möglichkeiten ihrer Lösung zu finden.

Die Notwendigkeit des Übersetzens einer Aufgabe in die Sprache der entsprechenden Wissenschaft ergibt sich aus dem Wesen der Wissenschaft. Eine große Rolle spielt dabei die Ausarbeitung einer richtigen wissenschaftlichen Konzeption für die Lösung der gestellten Aufgabe. Man kann sogar behaupten, daß die Qualität eines Forschungsergebnisses von der Güte der Konzeption entscheidend abhängig ist.

In der Wissenschaft bieten sich nämlich immer mehrere Möglichkeiten zur Lösung einer Aufgabe. Da aber nur eine schließlich realisiert wird, ist man bestrebt, die günstigste auszuwählen. Dabei müssen mögliche objektiv bestehende unterschiedliche Interessen in einer Art Optimierungsprozeß in Übereinstimmung gebracht werden.

Es können dies von der Seite der Praxis sein:

1. Die Lösung zu einem für sie angebrachten Termin zu erhalten. Oft sind dabei „Sofortlösungen" besonders erwünscht.
2. Der Forschungsprozeß und das Forschungsergebnis sollen keine allzu großen Störungen in der bestehenden Organisation, Leitung und Arbeitsweise der Praxis hervorrufen.
3. Das Forschungsergebnis soll nach Inhalt und Form leicht umzusetzen sein; wenn es ginge in einer von der Praxis bereits umrissenen Form.
4. Es soll kein unvorhergesehener Aufwand an Mitteln und Kadern entstehen (insbesondere über Ressortgrenzen gehende Querverbindungen innerhalb der Wirtschaft und verschiedene Vertragsbeziehungen).
5. Der Auftraggeber muß das Vertrauen haben, daß seine Anforderungen gewahrt und die Arbeit solide durchgeführt wird. Das Bestreben nach der besseren Wahrung seiner Interessen bezieht sich manchmal nicht nur auf das Forschungsergebnis, sondern auf die Möglichkeiten, Einblick und Eingriff in den Forschungsprozeß selbst zu haben. Diese Beziehungen, die nicht unbedingt zur Steigerung der Effektivität der wissenschaftlichen Forschung beitragen, werden in einigen Fällen in den Rang eines wichtigen Beurteilungskriteriums für die Nähe einer Forschungseinrichtung zu Belangen der Praxis erhoben.

Um kein Mißverständnis entstehen zu lassen, muß hier natürlich gesagt werden, daß der gesellschaftliche Gesamtforscher bei der Bearbeitung einer Reihe von Aufgaben mit den Vertretern der Praxis eng zusammenarbeiten muß, wachsen doch die zukünftigen Anwender des Forschungsergebnisses während der Lösung der Aufgabe mit. Dies erleichtert die Überleitungsphase für das Forschungsergebnis in die Praxis bedeutend.

In der Praxis tätige und wissenschaftlich denkende Vertreter der Praxis helfen bei der richtigen Aufgabenstellung. Sie sind bei der Umsetzung eines Forschungsergebnisses in die Praxis unentbehrlich. Sie dürfen und können jedoch die wissenschaftliche Forschung mit der Spezifik des Forschungsprozesses nicht ersetzen.

6. Die Wissenschaft wird nicht selten so betrachtet, als sei sie nur für die Lösung bestimmter Aufgaben da. Die Probleme der wissenschaftlichen Forschung, die zu der inneren Entwicklung der Wissenschaft gehören, erscheinen bei solcher Betrachtungsweise als von zweitrangiger Bedeutung.

7. Die Praxis ist an großen wissenschaftlichen Auseinandersetzungen hinsichtlich der Forschung und ihrer Ergebnisse nicht immer direkt interessiert. Erstens sieht sie sich mit einer großen Zahl von Möglichkeiten konfrontiert, deren Nach- und Vorteile nicht immer eindeutig festzustellen sind, und zweitens scheinen ihr solche Auseinandersetzungen die Wissenschaftler von der Lösung unmittelbarer Aufgaben abzulenken.

Diese Aufzählung könnte man sicher fortsetzen.

Von der Seite der Wissenschaft können als Beispiele folgende Interessen angeführt werden:

1. Die wissenschaftliche Forschung strebt von sich aus nach immer besseren, perfekten Lösungen und kennt in dem Sinne keinen Endzustand. Dabei werden die Notwendigkeit einer operativen Lösung der Aufgabe für die Praxis sowie der Zeitpunkt für die Bereitstellung eines Forschungsergebnisses und die Möglichkeiten seiner Realisierung oft ungenügend berücksichtigt und die Bedeutung von Folgeprozessen, die durch ein Forschungsergebnis in der Praxis ausgelöst werden können, unterschätzt. Auch rechnet man häufig in der wissenschaftlichen Forschung nicht mit dem finanziellen Aufwand, der durch den Perfektionismus hervorgerufen wird.

2. Es ist nicht selten die Tendenz festzustellen, neue Probleme der Praxis im Lichte bestimmter fest verankerter wissenschaftlicher Auffassungen zu sehen, die nicht unbedingt zur Lösung neuer Probleme beitragen. Es kann dazu führen, daß man versucht, die Wirklichkeit bewußt oder unbewußt nach bestimmten Modellvorstellungen zur „korrigieren".

3. In der wissenschaftlichen Forschung muß bei der Durchführung von bestimmten Aufgaben mehr Aufwand betrieben werden, um das erwünschte Niveau zu erreichen, als dies der

Praxis bewußt wird. In diesem Zusammenhang soll auf das Problem der Parallelforschung hingewiesen werden. Es ist bisweilen notwendig, daß auf bestimmten Gebieten Parallelforschungen nach unterschiedlichen wissenschaftlichen Konzeptionen durchgeführt werden, um den Wettbewerb von Ideen effektiv in die Tat umzusetzen.

Parallelforschungen werden international nicht selten auf den Gebieten praktiziert, die eine besonders große Bedeutung haben und hohe Anforderungen an den wissenschaftlichen Stand der Ergebnisse stellen. Oft handelt es sich um Pionierforschung, deren Ergebnisse der Öffentlichkeit nicht zugänglich gemacht werden. Als Beispiele kann man die Entwicklung der Atombombe nennen.

Aber auch auf anderen Gebieten werden Parallelforschungen durchgeführt. Gegenwärtig werden bei der Arbeit an der langfristigen Planung in der Sowjetunion zum Beispiel in bestimmten Forschungsstadien ebenfalls mehrere Wege getestet und unterschiedliche wissenschaftliche Hypothesen überprüft.

Dies kann auch dazu führen, daß durch solche Parallelforschung die Lösung wichtiger praktischer Probleme erleichtert und der gesamte Aufwand für die Erzielung eines Forschungsergebnisses niedriggehalten wird.

Um aber auf das Problem unterschiedlicher Interessenlagen zurückzukommen, so ist zu sagen, daß die unterschiedlichen Interessen sicher von Fall zu Fall nach Umfang sehr verschieden sind oder daß solche unterschiedlichen Interessen vielleicht auch überhaupt nicht auftreten.

Zum Unterschied vom Kapitalismus sind sie keinesfalls antagonistischer Natur und objektiv nichts anderes als Ausdruck von im Prinzip gleichem Interesse von Praxis und Wissenschaft, die Effektivität der wissenschaftlichen Forschung zu erhöhen.

Die Kunst der Leitung besteht darin, diese zu Anfang der Bearbeitung einer Forschungsaufgabe möglicherweise unterschiedlichen Interessen so in Übereinstimmung zu bringen, daß die Aufgabe effektiv gelöst und die kontinuierliche Entwicklung der Wissenschaft gewährleistet wird.

Im Sozialismus sind keine objektiv vorhandenen Schranken gesetzt, die es verhindern, die Möglichkeiten der wissenschaftlichen Forschung zum Wohle der Menschen voll auszuschöpfen:

„Das gesellschaftliche Eigentum einschließlich des Eigentums an den Forschungsergebnissen gestattet den planvollen, effektiven und rentablen Einsatz der wissenschaftlichen Errungenschaften und der modernsten Technik ohne einschränkende Privatinteressen und konkurrierende Monopole und ohne Arbeitslosigkeit.“ [30]

[30] Hager, K., Sozialismus . . ., a. a. O., S. 9.

5. Zu einigen ökonomischen Problemen der wissenschaftlichen Forschung

5.1. *Die allgemeine Darstellung von ökonomischen Beziehungen in der wissenschaftlichen Forschung*

In der ökonomischen Literatur und Praxis sind zahlreiche unterschiedliche Darstellungen von ökonomischen Beziehungen in der wissenschaftlichen Forschung selbst, zum Beispiel in Form von Informationsflüssen, Kennziffernsystemen, Leitungssystemen usw., und bei ihrer Eingliederung in den gesellschaftlichen Reproduktionsprozeß zu finden.

Für die allgemeine Darstellung von gegenseitigen Beziehungen, die bei der komplexen Beherrschung der wissenschaftlichen Forschung entstehen, erweist sich das folgende Schema als besonders geeignet:

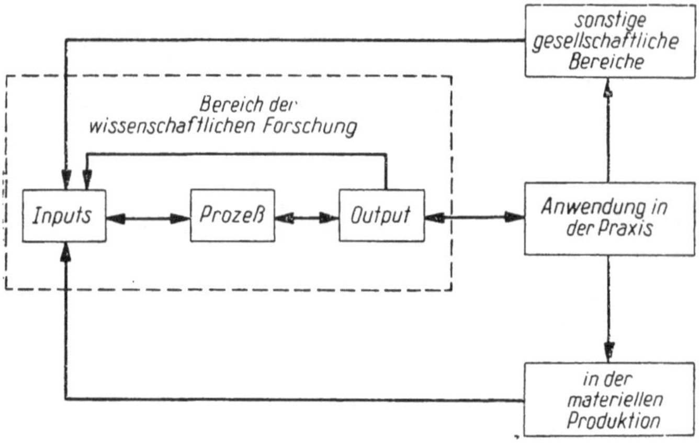

Abb. 1. Allgemeine Darstellung der ökonomischen Beziehungen innerhalb und außerhalb der wissenschaftlichen Forschung.

Zur Erklärung des Schemas ist folgendes zu sagen: In der wissenschaftlichen Forschung werden bestimmte *Inputs* betätigt: materielle Komponente, personelle Komponente[1], Aufgaben und Aufgabenkomplexe, die der wissenschaftlichen Forschung gestellt werden.

Der *Prozeß der wissenschaftlichen Forschung* beinhaltet unterschiedliche Aspekte der Durchführung dieser Aufgaben, indem der optimale Einsatz der personellen und materiellen Komponenten, das heißt die Ausschöpfung der Möglichkeiten der Inputs im Rahmen besonders effektiver Lösungen von bestimmten Aufgaben, angestrebt wird.

Outputs bringen die Ergebnisse der wissenschaftlichen Forschung zum Ausdruck, die verschiedene Formen annehmen können, sich zum Beispiel als positive oder negative Ergebnisse erweisen, Teilergebnisse oder Ergebnisse der vollständigen Lösung einer Aufgabe darstellen, den Bereich der wissenschaftlichen Forschung verlassen, um in der Praxis angewandt zu werden oder im Kreislauf der Wissenschaft als Ergebnisse der theoretischen Forschung oder als Zwischenergebnisse bleiben, um später für die Praxis noch effektivere Lösungswese hervorzubringen.

Anwendung der Ergebnisse der wissenschaftlichen Forschung außerhalb des Kreislaufs der Wissenschaft erfolgt sowohl in der Produktion als auch in anderen gesellschaftlichen Bereichen und setzt voraus, daß der Überleitungsprozeß effektiv beherrscht wird.

Die hier nur kurz aufgeführten Probleme sollen im folgenden untersucht werden.

5.2. *Inputs*

5.2.1. *Die personelle Komponente*

Die personelle Komponente umfaßt alle in der wissenschaftlichen Forschung Beschäftigten und kann zunächst in allgemeinen Kennziffern ausgedrückt werden. Im Planungsprozeß wird die personelle Komponente nach verschiedenen Gesichtspunkten aufgegliedert, wobei als häufigste die Ausbildungs- und Qualifikationsstruktur sowie die Einsatzstruktur der Beschäftigten auftreten.

[1] Begriffe der Hochschule für Ökonomie zu Berlin

Im ersten Fall werden Hoch- und Fachschulkader (in internationalen Statistiken: Wissenschaftler und Ingenieure) und sonstiges Personal absolut oder umgerechnet nach Vollbeschäftigteneinheiten ausgewiesen, woran noch eine Aufteilung der Beschäftigten nach Wissenschaftsdisziplinen, Fachrichtungen, Ausbildungs- und Qualifikationsniveau angeknüpft wird.

Im zweiten Fall wird unter Einsatzstruktur die Aufteilung der Beschäftigten der wissenschaftlichen Forschung auf Zweige, Bereiche usw. vorgenommen. Ausgehend von Unterschieden im Charakter der wissenschaftlichen Forschung sowie teilweise historisch bedingt, wird die wissenschaftliche Forschung in Forschung und Entwicklung in den natur- und technischen Wissenschaften sowie Forschung auf dem Gebiet der Gesellschaftswissenschaften geteilt.

Diese quantitative Betrachtungsweise der personellen Komponenten der Inputs in der Wissenschaft reicht sicher nicht aus, um komplexe Probleme des wissenschaftlich-technischen Fortschritts mit der erforderlichen Effektivität zu bewältigen.

Um innere Reserven der Wissenschaft für den Sozialismus voll zu erschließen, müssen die Besonderheiten und Merkmale der wissenschaftlichen Forschung untersucht werden, die sich aus dem Charakter dieser gesellschaftlich-nützlichen Tätigkeit objektiv ergeben.

Diese Besonderheiten und Merkmale der wissenschaftlichen Forschung wurden von uns bereits in dem Abschnitt „Forscher“ in bezug auf den Wissenschaftler und in bezug auf den gesellschaftlichen Gesamtforscher erläutert. Es sind jedoch noch weitere Fragen offen; auf einige davon wollen wir im weiteren eingehen.

Bei der statistischen Betrachtung der Beschäftigung in der wissenschaftlichen Forschung wird meistens die Tatsache ungenügend berücksichtigt, daß sowohl die vorhandenen Beschäftigten als auch der zukünftige Zuwachs an Kadern an eine bestimmte Infrastruktur der Wissenschaft gebunden sind, in deren Rahmen verschiedene Forschungseinrichtungen bestehen, die in ihrer Tätigkeit mehreren Zwecken dienen.

Diese Infrastruktur hat sich unter dem Einfluß der spezifischen Entwicklungsbedingungen eines Landes und allgemein gültiger internationaler Tendenzen und Gesetzmäßigkeiten historisch herausgebildet. Sie schließt wissenschaftliche Institutionen, Organisations- und Leitungsmethoden, Traditionen, übliche Verbindungen zur Praxis, Charakter dieser Beziehungen, Arbeitsstil und Arbeitsweise usw. ein.

Insgesamt können vier Arten von wissenschaftlichen Institutionen festgestellt werden, deren Funktion in unterschiedlichem Umfang die Forschung ist. In der Sowjetunion und in der DDR sind das zum Beispiel:

1. Akademien,
2. Hochschulen und verschiedene Bildungsstätten,
3. Zweiginstitute bzw. Institute, die auf Belange mehrerer Betriebe bzw. auf die unmittelbare Praxis eines bestimmten Gebietes stark orientiert sind,
4. FE-Stellen der Betriebe.

Die Funktionen, die alle wissenschaftlichen Institutionen ausüben, können wie folgt gruppiert werden:

- wissenschaftliche Forschung,
- Lehre, Bildung und Weiterqualifizierung und ähnliches,
- Verbreitung der wissenschaftlichen Informationen und sonstiges (zum Beispiel routinemäßige Qualitätskontrolle, Überprüfung des Materials und ähnliches).

Dies entspricht etwa den Funktionen des Wissenschaftlers, die wir im Abschnitt „Forscher" festgehalten haben, was darauf hindeutet, daß diese Struktur objektiv bedingt ist.

Eine gewisse Selbständigkeit im Vergleich zu anderen Forschungseinrichtungen haben Akademieinstitute, was auf ihre spezifische Funktion zurückzuführen ist: Sicherung der inneren Entwicklung der Wissenschaft durch Grundlagenforschung, das heißt Vorlaufsforschung für die Praxis, Lösung der Aufgaben grundsätzlicher bzw. komplexer Natur.

Diese Herausstellung der Funktionen darf nicht zu absolut aufgefaßt werden, da – zum Beispiel im Rahmen der Akademieinstitute – viele noch unerschlossene Möglichkeiten bestehen, praxisnahe Aufgaben auch operativen Charakters zu lösen. Wenn entsprechende Bedingungen vorhanden sind und in Akademieinstituten wirksam nach den Effektivitätskriterien für die Beurteilung der wissenschaftlichen Forschung gehandelt wird, dann bieten sich große Möglichkeiten für die Entwicklung der interdisziplinären und interinstitutionellen Forschung, der Bereitstellung von Experten und der Ausarbeitung von komplexen Forschungsprojekten, wie wir dies bereits in der Sowjetunion sehen können.

Diese Möglichkeiten ergeben sich aus der Zusammensetzung der Akademie und ihrer Stellung innerhalb der wissenschaftlichen Forschung (unter anderem unterliegt sie nicht so stark wie etwa ein Zweiginstitut den Ressortinteressen).

Die F/E-Abteilungen der Betriebe sind dagegen in den Reproduktionsprozeß dieser Betriebe unmittelbar eingegliedert. Wie internationale Erfahrungen zeigen, können sie jedoch auf bestimmten Gebieten eine theoretische Vorlaufforschung betreiben, die ihnen in bestimmten Fragen sogar besser als anderen Forschungseinrichtungen gelingen kann (so war es zum Beispiel bei der Entwicklung von Nylon).

Wenn einerseits Akademieinstitute aus einer engeren Verbindung (entsprechend objektiven Bedingungen ihrer gesellschaftlichen Funktion) zu den Bedürfnissen der unmittelbaren Praxis viel gewinnen können, so ist eine differenziert aufgebaute und unterschiedlich dosierte Vorlaufforschung in bestimmten F/E-Abteilungen der Betriebe eine der Voraussetzungen dafür, daß die Ergebnisse theoretischer Forschung, die außerhalb des eigenen Bereiches geleistet wurden, effektiv verarbeitet werden. Damit wird auch eine mögliche Enge der Betrachtungsweise beim Herangehen an die Lösung von konkreten praktischen Aufgaben überwunden.

Eine gewisse Trennung der Forschung und Entwicklung von der unmittelbaren Produktion ist im Rahmen der gesellschaftlichen Reproduktion im Sozialismus objektiv bedingt (sicher differenziert, wie wir dies bereits festgestellt haben und noch näher erläutern werden).

Andererseits, um als Wachstumsfaktor effektiv zu wirken, müssen die F/E-Ergebnisse in die Praxis umgesetzt werden, was als eine dialektische Gegenreaktion eine noch engere Verbindung der wissenschaftlichen Forschung mit der Praxis verlangt.

Die Trennung vergrößert sich entsprechend der FE-Kategorie (Grundlagenforschung, angewandte Forschung und Entwicklung), sowie dem Grad der Spezialisierung und der Komplexität der F/E-Vorhaben.

Damit besitzen einzelne F/E-Einrichtungen bzw. wissenschaftliche Institutionen bezüglich dieser Trennung objektiv begründete Besonderheiten in bezug auf die Lösung komplexer wissenschaftlicher Probleme, die wie folgt dargestellt werden können:

F/E-Abteilungen der Betriebe

Stellung innerhalb des Betriebes und unmittelbare Nähe zur Produktion	mögliche Schwierigkeiten bei der Erzielung der kritischen Masse
gute Informiertheit über Bedürfnisse des Betriebes	mögliche Schwierigkeiten bei der Sicherung des wissenschaftlich-technischen Vorlaufs
bessere Voraussetzungen für die Überleitung von F/E-Ergebnissen und anderes	relativ begrenzte Möglichkeiten der interdisziplinären Beziehungen, insbesondere auf der internationalen Ebene (zum Beispiel im Rahmen des RGW) und anderes

Zweiginstitute

ressortbezogene Stellung innerhalb des Zweiges und ein besserer Überblick über die Bedürfnisse der gesamten Produktion des Zweiges	größere Entfernung von der unmittelbaren Produktion eines Betriebes
Möglichkeiten für die Gründung neuer Produktionsrichtungen und anderes	mögliche Vergrößerung der Überleitungswege wegen zusätzlicher administrativer Zwischenglieder und anderes

Hochschulen

Vorbereitung und Einsatz des Nachwuchses auf verschiedenen Gebieten der F/E	noch größere Entfernung von der unmittelbaren Produktion eines Betriebes

Vorhandensein der hochqualifizierten Kader und notwendiger Ausrüstungen	notwendige Teilung der Zeit in Lehre und Forschung
Voraussetzungen für die Durchführung von komplexen interdisziplinären F/E-Vorhaben und anderes	breites Spektrum der Untersuchungen, ungenügende Spezialisierung und anderes
Akademien	
qualifiziertes wissenschaftlich-technisches Personal auf verschiedenen Gebieten	größere Entfernung von der unmittelbaren Produktion eines Betriebes und anderes
gute Voraussetzungen für die Durchführung von komplexen interdisziplinären und interinstitutionellen F/E-Vorhaben und anderes.	

An Hand von internationalen Vergleichen kann untersucht werden, wie funktionale Zusammenhänge zwischen der wissenschaftlichen Forschung und Praxis in der Form von Trennung und Integration der Forschung gehandhabt werden, wie die Überleitung von Forschungsergebnissen durchgeführt wird usw.

Herausmodellierte Besonderheiten einzelner Typen von wissenschaftlichen Institutionen bilden einen Spielraum für die Optimierung der Entscheidungsfindung hinsichtlich Durchführung von komplexen F/E-Vorhaben.

Die interdisziplinäre und interinstitutionelle Lösung von komplexen Vorhaben des wissenschaftlich-technischen Fortschritts erfolgt im Rahmen der bestehenden Infrastruktur der Wissenschaft. Die Effektivität der wissenschaftlichen Forschung hängt dabei entscheidend davon ab, wie eine komplexe Aufgabe in diese Infrastruktur integriert wird. Wenn es offiziell heißt, daß an einer komplexen Forschungsaufgabe eine bestimmte Anzahl wissenschaftlicher und technischer Kräfte arbeitet, so sind damit bestimmte Forschungseinrichtungen gemeint, die unter anderem charakterisiert sind durch:

- unterschiedliche Unterstellungsverhältnisse (zum Beispiel verschiedene Ministerien, Betriebe, unterschiedliche Gruppen innerhalb einer Forschungseinrichtung),
- den Charakter ihrer Tätigkeit (theoretische Forschung, praxisnahe Forschung, Lehre usw.),
- Organisationsformen, Arbeitsstil und Arbeitsweise,
- verschiedene wissenschaftliche Auffassungen über die Möglichkeiten der Lösung eines komplexen Problems, angefangen von konzeptionellen Vorstellungen bis zur Durchführung einzelner Teilaufgaben.

Bereits aus dieser bei weitem unvollständigen Aufzählung ergeben sich folgende komplizierte Probleme der Durchführung von komplexen Vorhaben:

- Gewährleistung der Bedingungen für die gegenseitige Verständigung, für die Ausarbeitung von effektiven Lösungen;
- Sicherung von Kommunikations- und Informationsbeziehungen;
- Vermeidung des Ansteigens des Personals und der Aufwendungen, was durch die doppelte Unterstellung im Rahmen der bestehenden und Ad-hoc-Organisation hervorgerufen werden kann.
- Sicherung der entsprechenden Leitungstätigkeit bei der Durchführung von komplexen Vorhaben, indem Pflichten und Forderungen in einem adäquaten Verhältnis zu Vollmachten und sonstigen Möglichkeiten stehen müssen.

Daraus wird ersichtlich, daß die einfache additive Erweiterung der Zahl der an einer Forschungsaufgabe Tätigen die Lösung unter Umständen erschweren kann, wenn die Gefahr besteht, daß mögliche unterschiedliche wissenschaftliche Auffassungen und teilweise unterschiedliche Interessen der Forschungseinrichtungen aufeinanderprallen und die Lösung einer Aufgabe sogar blockieren können.

Es soll noch hinzugefügt werden, daß eine interdisziplinäre und interinstitutionelle Zusammenarbeit meistens nur auf der Basis einer bereits bestehenden Forschungseinrichtung effektiv durchgeführt werden kann, die auch mit ihrer Verwaltung, technischen und administrativen Kräften für das gesamte Projekt als hauptverantwortlich bestimmt wird.

Eine ad hoc geschaffene Organisation ohne Verbindung zur bestehenden Infrastruktur kann sich als uneffektiv erweisen.

5.2.2. *Die materielle Komponente*

Die materielle Komponente umfaßt laufende und einmalige Aufwendungen von heterogener Struktur wie Gebäude, Ausrüstungen, Material, Löhne und Gehälter usw. Sie wird meistens in Form von Aufwendungen für die wissenschaftliche Forschung (gegenwärtig in der DDR nur für die Forschung und Entwicklung) ausgewiesen.

Bei der Bestimmung der Höhe zukünftiger F/E-Aufwendungen wird ein unterschiedliches Herangehen praktiziert: Absolute Aufwendungen und ihr Anteil an anderen Kennziffern, zum Beispiel am Nationaleinkommen absolut und pro Kopf der Bevölkerung auf der Makroebene. Anteil der Forschungsaufwendungen an der Warenproduktion auf der Mikroebene usw., um nur einige Möglichkeiten zu illustrieren.

Der Anteil von Forschung und Entwicklung am Nationaleinkommen bzw. gesellschaftlichem Gesamtprodukt dient oft als Maßstab für die Beurteilung der Bereitschaft des Landes, für die Forschung einen Teil des nationalen Reichtums bereitzustellen. Ein Teil dieses Reichtums hat den Charakter von Akkumulation (unter der Berücksichtigung der Eigenart der wissenschaftlichen Forschung), der andere von gesellschaftlicher Konsumtion.[2]

Die Bestimmung der zukünftigen Aufwendungen für Forschung und Entwicklung lag seit langem im Blickpunkt der ökonomischen Forschung. Dies war nicht zuletzt dadurch bedingt, daß rapide steigende F/E-Aufwendungen bereits bei der ersten Betrachtung von Forschung und Entwicklung auffielen und die Aufmerksamkeit der Ökonomen auf sich lenkten.

Deshalb wurde auch Mitte der 60er Jahre das exponentielle Wachstum bei Berechnungen von zukünftigen F/E-Aufwendungen zum Ausgangspunkt genommen.[3]

[2] Vgl. dazu: Seickert, H., Forschungsaufwand und Forschungsfonds – ihre Stellung im gesellschaftlichen Reproduktionsprozeß, in: Wirtschaftswissenschaft, 5/1971.

[3] Gericke, R., Praktische Probleme der Anwendung der Testreihenforschung bei der prognostischen Bestimmung des F/E-Potentials in der DDR, in: Wirtschaftsprognose in der technischen Revolution, Berlin 1967, S. 223.

Wenn damit in bestimmten Anfangsstadien der Förderung von Forschung und Entwicklung über relativ kurze Zeiträume brauchbare Ergebnisse erzielt werden können, so werden ihre Grenzen sichtbar, wenn die Dynamik von Forschung und Entwicklung über längere Zeiträume untersucht wird.

Deshalb werden für die Berechnung von zukünftigen Forschungsaufwendungen an Stelle von Exponentialfunktionen logistische Kurven vorgeschlagen. G. Schilling ermittelte durch eine logistische Kurve als obere Grenze der F/E-Aufwendungen 5–6 Prozent vom Nationaleinkommen.[4] Diese Zahl wurde inzwischen als Orientierung auch von einigen Wissenschaftlern anderer sozialistischer Länder übernommen. Dabei ist offensichtlich, daß solche Berechnungen nicht die gesamten Ausgaben für die Forschung und Entwicklung zum Ausdruck bringen, da ein Teil der Aufwendungen nicht aus dem Nationaleinkommen stammt.[5] Gleichzeitig muß hervorgehoben werden, daß gegenwärtig keine andere international übliche und statistisch nachweisbare Berechnungsmöglichkeit der Grenzen der F/E-Aufwendungen sowie der Einschätzung der Bereitschaft eines Landes besteht, in einem bestimmten Umfange die Kosten der Forschung zu bestreiten, als durch solche anteilmäßige Berechnungen (insgesamt oder pro Kopf der Bevölkerung).

Die starke Korrelation von Forschung und Entwicklung mit anderen Wachstumsfaktoren, ihre systembezogene Betrachtung, veranlaßten dazu, die Forschung und Entwicklung im Zusammenhang mit anderen Wachstumsfaktoren zu modellieren. G. Schilling sah dabei die Kombination von vier Wachstumsfaktoren vor: Forschung und Entwicklung, Bildung und Erweiterung der materiellen Fonds (Investitionen, Erweiterung der Umlaufmittel und Reserven).[6] Wie Heinecke (Ökonomisches Forschungsinstitut der Staatlichen Plan-

4 Schilling, G., Zu einigen Problemen der Weiterentwicklung des volkswirtschaftlichen Planungssystems unter besonderer Berücksichtigung der Planung des Forschungs- und Entwicklungspotentials und der Entscheidungsvorbereitung von Aufgaben des wissenschaftlich-technischen Fortschritts, Dissertation, Berlin 1970, S. 61 (Ms.).

5 Seickert, H., Forschungsaufwand . . ., a. a. O., S. 662.

6 Schilling, G., Zu einigen Problemen . . ., a. a. O., S. 63.

kommission der DDR) bei einer internationalen Untersuchung des Zusammenhanges zwischen Forschung und Entwicklung und Investitionen auf der Makroebene statistisch nachgewiesen hat, ist zwar die Abhängigkeit der Umsetzung von Forschungsergebnissen von den Investitionen groß, kann aber in quantitativ nachweisbaren konstanten Koeffizienten nicht ausgewiesen werden.

Insgesamt läßt sich feststellen, daß globale Berechnungen der zukünftigen Forschungsaufwendungen sowie der Beschäftigtenzahl in der wissenschaftlichen Forschung den notwendigen Anfang im Sinne der Ermittlung der oberen Grenze der Bereitstellung von Reserven einer Volkswirtschaft, ihrer Bereiche und Zweige bzw. einer Produktionseinheit bilden. Dieser Anfang kann durch weitere Schritte hinsichtlich einer groben Verteilung der Forschungsaufwendungen und Kader fortgesetzt werden. Die Ergebnisse, die dabei erzielt werden, reichen jedoch nicht aus, um den wissenschaftlich-technischen Fortschritt komplex zu meistern.

Es muß berücksichtigt werden, daß sowohl die globalen Ermittlungen der zukünftigen Aufwendungen und Beschäftigten als auch die Untersuchung ihrer Beziehungen zu anderen Wachstumsfaktoren es nicht erlauben, die Effektivität der wissenschaftlichen Forschung so zu steigern, daß der Befriedigung gesellschaftlicher Bedürfnisse sowie der Weiterentwicklung der Wissenschaft unter heutigen Bedingungen voll entsprochen wird. Mit anderen Worten: Die Erforschung der ökonomischen Probleme des wissenschaftlich-technischen Fortschritts muß in Fortsetzung der bisherigen Untersuchungen in Richtung der Beherrschung der Zielproblematik weiter vorangetrieben werden.

5.2.3. *Das Zielprinzip bei der Meisterung des wissenschaftlich-technischen Fortschritts*

Der weitere Schritt besteht darin, die wissenschaftliche Forschung noch stärker mit den gesellschaftlichen Bedürfnissen in Verbindung zu bringen. Diese Verbindung muß ihren Ausdruck finden in der Verknüpfung der wissenschaftlichen Forschung mit der Realisierung von bestimmten Zielen der Gesellschaft, der Produktionseinheiten und der Wissenschaft sowie zur Ableitung von Aufgaben für die wissenschaftliche Forschung.

Diese Ziele lassen sich unterschiedlich gruppieren:

- exakt festgelegte Ziele (Bauvorhaben, neue Konstruktionen und technische Systeme usw. Das Ergebnis und der Termin der Realisierung sind exakt festgelegt);
- allgemein formulierte Ziele (Trendsziele), bei denen eine Entwicklung zusammengefaßt wird, zum Beispiel ständige Befriedigung der Bedürfnisse an Konsumgütern auf einem bestimmten Gebiet und in einer bestimmten Struktur;
- Ziele als Orientierungen oder Schwerpunkte für die Durchführung einer bestimmten Tätigkeit, zum Beispiel theoretische Forschung auf einem bestimmten Wissenschaftsgebiet.[7]

Bei dieser Gruppierung der Ziele geht es zunächst darum, von einem ressortmäßigen Prinzip der Aufteilung der Ressourcen allmählich zum Zielprinzip überzugehen, obwohl es wiederum die Ressorts sind, die diese Ziele, und damit den wissenschaftlich-technischen Fortschritt verwirklichen werden.[8]

Aus den bereits geschilderten Zusammenhängen zwischen der Befriedigung von aktuellen Bedürfnissen und der Entwicklung der Produktivkräfte und der Wissenschaft ging hervor, wie kompliziert und dialektisch verbunden diese inneren Zusammenhänge sind.

Das sind einerseits die stimulierende Bedeutung materieller und geistiger Bedürfnisse der Menschen und die primäre Rolle der Entwicklung der Produktivkräfte, als Mittel zum Zweck der Befriedigung von Bedürfnissen, andererseits die Not-

[7] Vgl. dazu Kurt Hager: „Sowjetische Wissenschaftler vertreten in diesem Zusammenhang die Auffassung, daß sich die Planung der Grundlagenforschung beschränken sollte auf die Auswahl der perspektivischen Forschungsrichtungen und die Schaffung günstiger Bedingungen für die schöpferische Arbeit der kompetenten Wissenschaftler, die auf diesem Gebiet arbeiten" (Hager, K., Sozialismus und wissenschaftlich-technische Revolution, Berlin 1972, S. 45).

[8] Vgl. dazu auch Fedorenko, N., Maiminas, E., Ob organisazii prozessov prinjatija ekonomičeskich rešenij, in: Voprosy ėkonomiki, 3/1971; Fedorenko, N., K voprosu o postrojenii sistemy optimal'nogo perspektivnogo planirovanija narodnogo chozjaistva, in: Vestnik akademii nauk SSSR, 5/1971.

wendigkeit des Heranreifens von bestimmten Voraussetzungen und Bedingungen in der Wissenschaft selbst, bevor das erwünschte Niveau der Entwicklung der Produktivkräfte bzw. das erwünschte Niveau der Befriedigung eines bestimmten aktuellen Bedürfnisses von Wissenschaft und Technik gewährleistet werden kann.

Wie bereits erwähnt, oszilliert die Entwicklung der Wissenschaft (historisch betrachtet) um bestimmte aktuelle Bedürfnisse bei einem entsprechenden Entwicklungsstand der Produktivkräfte. Die Schwankungen waren in der Vergangenheit so groß, daß sie manchmal den Eindruck erweckten, als ginge es hier um eine unabhängige Entwicklung. Es kommt noch hinzu, daß die Wissenschaft meist nachgezogen hat, wenn ein aktuelles Bedürfnis herangereift war (obwohl es hier auch Ausnahmen gab, zum Beispiel in der Chemie). Seitdem sich aber die Verwissenschaftlichung aller Phasen des gesellschaftlichen Reproduktionsprozesses und die Annäherung der körperlichen und geistigen Arbeit verstärken, die Wissenschaft (darunter auch die Gesellschaftswissenschaft) bei der Bestimmung der Hauptaufgabe bereits eine große Rolle spielt und bei ihrer Realisierung noch zunehmend spielen wird, zeichnet sich eine vorauseilende Tendenz der Wissenschaft ab.

Die Wissenschaft hat jedoch nicht aufgehört, um die Bedürfnisse und die Entwicklung der Produktivkräfte zu oszillieren. Auf einigen dieser Gebiete überholt sie, auf anderen muß sie nachziehen.

Offensichtlich sind zwar insgesamt die Schwankungen im Vergleich zur Vergangenheit geringer geworden, bei einigen Problemen sind sie jedoch noch immer groß.

Bei der Ableitung von Zielen ist es wichtig zu wissen, wo sich bei diesem Oszillieren die Kurven der Entwicklung eines aktuellen Bedürfnisses und der Entwicklung der Wissenschaft (Möglichkeiten der Wissenschaft) schneiden bzw. ob sie sich überhaupt für das entsprechende Bedürfnis schneiden (vgl. Abbildung 2).

Daß dies sehr wichtig ist, soll an einem Beispiel veranschaulicht werden. Sowohl in der UdSSR als auch in der DDR muß die Bevölkerung mit modernen Wohnungen versorgt werden. Dies kann sicher auf unterschiedlichem quantitativem und qualitativem Niveau geschehen. Wissenschaftliche Voraus-

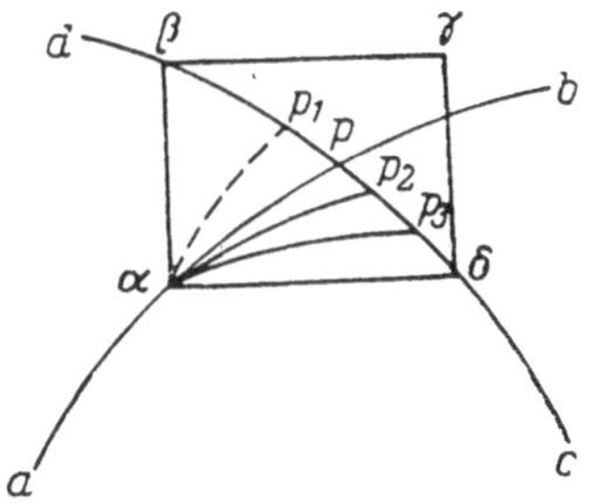

Abb. 2. Möglichkeiten der Wissenschaft zur Befriedigung eines Bedürfnisses.

a b — Kurve der Entwicklung der wissenschaftlichen Forschung;
c d — Kurve der Entwicklung eines Bedürfnisses:
α β λ δ — das Feld, das die prinzipielle Möglichkeit der Befriedigung eines Bedürfnisses von der Seite der Wissenschaft zeigt;
P — Schneiden der Kurven auf einem für die gegebenen Bedingungen höchsten Niveau;
P_1 — mögliche Beschleunigung der wissenschaftlichen Forschung, die mit dem zusätzlichen Aufwand verbunden ist;
P_2, P_3 — wenig effektivere Anwendung der Ergebnisse der wissenschaftlichen Forschung.

setzungen für eine bestimmte Höhe des Niveaus sind unter anderem:

- Bestimmte Möglichkeiten bzw. wissenschaftlich-technische Voraussetzungen müssen durch die Wissenschaft national und international gegeben sein;
- sie müssen bekannt sein;
- die Realisierung bestimmter Möglichkeiten muß auch beschleunigt werden können.

Die Befriedigung dieses aktuellen Bedürfnisses (als stellvertretend für die Befriedigung bestimmter anderer aktueller Bedürfnisse) erfolgt also in einem dialektischen Prozeß:

- Ermittlung von Zielen, Teilzielen und Erteilung von Aufgaben an die Wissenschaft,
- die Wissenschaft verhält sich zu diesen Zielen, Teilzielen und Aufgaben nicht passiv. Sie tritt aktiv auf mit ihrem Angebot an neuen Ideen und Lösungen (in unterschiedlichem Reifegrad), die zur weiteren Qualifizierung dieser Ziele, Teilziele und Aufgaben (zum Beispiel durch die Forschung auf dem Gebiet der Gesellschaftswissenschaften) beitragen bzw. zahlreiche Möglichkeiten ihrer Realisierung aufweisen.

Das Bedürfnis an sich (modern wohnen) ist in diesem Fall unbegrenzt, die Möglichkeiten seiner Befriedigung dagegen (vgl. Abb. 2) sind zu jedem gegebenen Zeitpunkt unseres Beispiels begrenzt. Auf welchem Niveau sich beide Kurven, das heißt die der Befriedigung eines bestimmten Bedürfnisses und die der Möglichkeiten der Wissenschaft, schneiden, hängt davon ab, in welchem Maße die oben genannten Voraussetzungen gegeben sind. Sicher sind in unserem Beispiel sowohl das Bedürfnis als auch die Zielstellungen, deren Realisierung zur Befriedigung des Bedürfnisses führen, sowie die wissenschaftlich-technischen Möglichkeiten zur Befriedigung dieses Bedürfnisses so komplexer Natur, daß es sich in Wirklichkeit um mehrere solcher Kurven handelt bzw. dieses komplexe Problem in mehrere Teilprobleme aufgeteilt werden muß – wie etwa neue Baumaterialien, neue bautechnische und architektonische Lösungen, neue Leitungsmethoden usw., die mehrere Gebiete der Natur und Gesellschaftswissenschaften sowie der technischen Wissenschaften umfassen.

In jedem Fall aber werden wir mit den drei oben genannten Fragen konfrontiert, und in jedem Fall kann die Befriedigung eines Bedürfnisses auf einem unterschiedlichen wissenschaftlich-technischen Niveau vor sich gehen. Und wir sind natürlich daran interessiert, daß dieses Niveau möglichst hoch liegt. Dies setzt unter anderem voraus, daß auch die innere Entwicklung der Wissenschaft nach der ihr eigenen Logik in Betracht gezogen wird.

Wie bereits erwähnt, ist dabei mit der inneren Entwicklung der Wissenschaft weder ihre Verselbständigung, noch ihr Selbstlauf gemeint. Die Wissenschaft im Sozialismus wird von den Wissenschaftlern im Bündnis mit allen Werktätigen unter der Leitung der marxistisch-leninistischen Parteien aktiv betrieben.

Das bedeutet auch, daß die Befriedigung bestimmter aktueller Bedürfnisse besser gewährleistet werden kann, wenn alle inneren Reserven der Wissenschaft voll ausgenutzt werden, das heißt, wenn auch die objektiv wirkenden Gesetze und Gesetzmäßigkeiten in der Entwicklung der Wissenschaft selbst, zum Beispiel solche wie die Notwendigkeit einer bestimmten inhaltlichen und zeitlichen Reihenfolge in der Erforschung von Gesetzen und Gesetzmäßigkeiten eines Forschungsgegenstandes, um ein bestimmtes Ergebnis für die Praxis zu erreichen. Hierher gehört zum Beispiel auch, daß die Grundlagenforschung nicht neben der angewandten Forschung und Entwicklung betrieben werden soll, sondern daß hier enge Beziehungen erforderlich sind, die über notwendige administrative Grenzen hinausgehen müssen. Die Praxis darf auch nicht nur auf die bereits erkannten und anerkannten wissenschaftlichen Lösungen orientiert werden, sondern muß auch über neue – zunächst als wissenschaftliches Phänomen betrachtete – Effekte mit den Wissenschaftlern nachdenken (ein Beispiel ist Fleming, der im Penicillin nur eine wissenschaftliche Kuriosität sah; solche Fälle sind in der Wissenschaft, insbesondere in der Grundlagenforschung, keine Seltenheit). Es muß berücksichtigt werden, daß eben von dieser Seite her unerwartete, prinzipiell neue, revolutionierende Lösungen kommen können.

Was die Beschleunigung des Eintretens von neuen Möglichkeiten anbetrifft, so wurde diese Frage bei der Behandlung der Rolle des Talents angeschnitten. Ihre Beantwortung insgesamt kann nur dann erfolgen, wenn die Gesetze und Gesetzmäßigkeiten der inneren Entwicklung der Wissenschaft sowie die komplizierten dialektischen Wechselwirkungen von Bedürfnissen, Produktivkräften und Wissenschaft genügend erforscht werden.

In der Praxis hängt diese Frage oft damit zusammen, daß wir erstens nicht immer wissen, welche wissenschaftlich-technischen Voraussetzungen für die Lösung eines bestimmten Problems es bereits gibt (die Untersuchung solcher Möglichkeiten kann unter anderem mit Hilfe der morphologischen Forschung durchgeführt werden). Zweitens kann solch eine Beschleunigung mit einem erheblichen Aufwand an gesellschaftlichen Ressourcen verbunden sein. An der Raumfahrtforschung kann man sehen, welcher konzentrierte Einsatz von Menschen und Mitteln erforderlich ist – selbst wenn wissenschaftlich-technische Voraussetzungen vom Prinzip her gegeben sind (Baustoffe, Treibstoff, elektronische Ausrüstungen usw.) –, um diese Beschleunigung zu erzielen.

Wir können dies auch an Einzelbeispielen solcher Beschleunigung feststellen, wie sie zum Beispiel in der Sowjetunion durch die Notwendigkeit des Kampfes gegen den Imperialismus erforderlich wurden. Wir wissen aber nicht, wie sich solche Beschleunigungen insgesamt auf die Proportionalität in der Wissenschaft auswirken.

5.2.4. *Ziele für die Sicherung der inneren Entwicklung der Wissenschaft (Grundlagenforschung bzw. theoretische Forschung)*

Durch die Untersuchung der Entwicklung der Bedürfnisse und der Wissenschaft können ermittelt werden:
- der Charakter der Ziele;
- ihre Komplexität und der zu ihrer Verwirklichung erforderliche Zeitraum;
- Möglichkeiten ihrer Realisierung seitens der Wissenschaft.

Da es bei der wissenschaftlichen Forschung um den Vorlauf geht, der die Produktionsrichtungen sowie die Verwirklichung anderer Ziele über größere Zeiträume bestimmt, handelt es sich hier im wesentlichen um langfristige Entwicklungen von 10 bis 15 (und mehr) Jahren, die mit der Vorbereitung von langfristigen Entscheidungen zusammenhängen.

Vom Gegenstand her gesehen, können die Ziele in zwei Kategorien aufgeteilt werden:
- Ziele für die Entwicklung der Wissenschaft, um damit die innere Entwicklung der wissenschaftlichen Forschung zu gewährleisten (man kann sie auch als die Bedürfnisse der Wissenschaft bezeichnen);
- Ziele, die mit der Realisierung von bestimmten aktuellen Bedürfnissen materieller oder geistiger Natur zusammenhängen.

Beide Kategorien beinhalten sowohl die Vervollkommnung des Wissens über bereits bestehende Ziele (sie werden dadurch auf den neuesten Stand gebracht) als auch die Ermittlung von neuen Zielen.

Wie bereits geschildert, ist der Vorstoß ins Unbekannte in allen möglichen Untersuchungsrichtungen (in bezug auf Natur, Menschen, Gesellschaft und ihre wechselseitigen Beziehungen) ein endloser Prozeß.

Daraus ergibt sich eine unbegrenzte Zahl von potentiellen Zielen, die eingeengt und von der Wissenschaft nach Maßgabe folgender Punkte festgelegt werden müssen:
- entsprechend den Bedingungen und Besonderheiten des jeweiligen Landes in bezug auf die Möglichkeiten der Durchführung einer Forschungsaufgabe (Größe des Landes, Traditionen und kadermäßige Voraussetzungen für die Forschung auf einem bestimmten Sektor) sowie in bezug auf

langfristige traditionelle Schwerpunkte wie zum Beispiel Chemie, bestimmte Gebiete der Physik und anderes;

- entsprechend den internationalen Entwicklungstendenzen und Forschungsrichtungen, sich international abzeichnenden Schwerpunkten.

Nur aus der grundsätzlichen Erkenntnis, daß innerhalb der Entwicklung der Wissenschaft keinem Wissenschaftsgebiet als solchem absolute Priorität zukommt, sondern daß sich diese Prioritäten erst aus dem Zusammenspiel der verschiedensten Momente ergeben (wie der langfristigen Befriedigung der Bedürfnisse eines Landes, Grundrichtungen in der Entwicklung seiner Produktivkräfte, seiner Möglichkeiten und Voraussetzungen und internationalen Entwicklungstendenzen und Forschungsrichtungen), erfolgt die Festlegung der Ziele für die theoretische Forschung. Diese Ziele können verwirklicht werden:

- durch die eigene Forschung;
- durch eine Beteiligung an internationalen Forschungsvorhaben im Rahmen des komplexen Programms des RGW, die wiederum ihre Besonderheiten haben.

Mehrere Ziele können dabei nur in Form einer passiven Verfolgung bestimmter Wissenschaftsgebiete in Angriff genommen werden.

Internationale Erfahrungen zeigen, daß die Grundlagenforschung nur dann erfolgreich ist, wenn sie an dafür geeignete Wissenschaftler gebunden ist (insbesondere an international anerkannte Wissenschaftler und wissenschaftliche Schulen). Ein so aussagekräftiges Kriterium zur Einschätzung der Leistungsfähigkeit eines Forschers oder einer Schule auf dem Gebiet der Grundlagenforschung, wie es die internationale Beurteilung bestimmter Forschungseinrichtungen und -arbeiten ist (differenziert allerdings nach den Natur- und technischen Wissenschaften und den Gesellschaftswissenschaften in ihrer gesellschaftlichen Relevanz), darf nicht unterschätzt werden.

Bereits aus dieser kurzen Darstellung von Besonderheiten der Zielermittlung in der Grundlagenforschung wird deutlich, daß sowohl das Zielsystem für die Ableitung von Forschungsaufgaben als auch das Kriteriensystem in einem gesonderten Block der wissenschaftlichen Forschung erfaßt werden müssen (vgl. Abbildung 3).

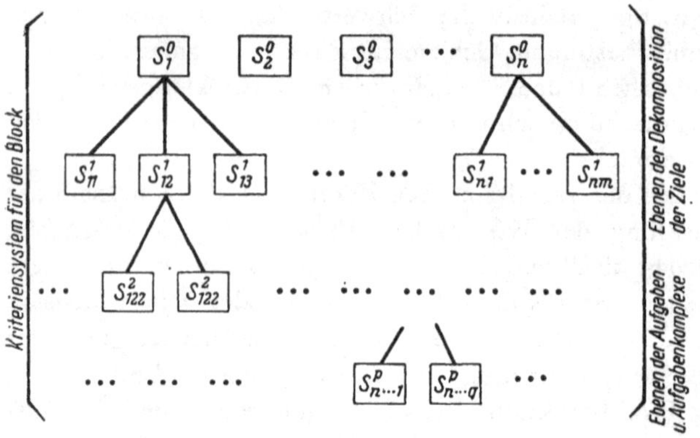

Abb. 3. Ziele der Grundlagenforschung

Ziele, Aufgaben und Aufgabenkomplexe, die von der Wissenschaft (in der Regel von Komitees oder Expertengruppen) ermittelt werden müssen, werden in die vorhandene Infrastruktur der wissenschaftlichen Forschung eingeordnet; das heißt, die Aufgaben und Aufgabenkomplexe müssen im wesentlichen den bestehenden Forschungseinrichtungen zugeordnet werden.

Da die Grundlagenforschung einen relativ geringen Aufwand erfordert (in einigen kapitalistischen Industrieländern in der Größenordnung von 10 Prozent der gesamten Aufwendungen für die Forschung und Entwicklung auf der Makroebene) und da sie gleichzeitig die gesamte Forschung einer Einrichtung stimuliert, kann die Parallelarbeit in der Grundlagenforschung eine durchaus positive Rolle spielen. Dadurch werden Voraussetzungen für einen konstruktiven wissenschaftlichen Meinungsstreit geschaffen, und durch den Meinungsstreit kann sich zeigen, welche Institutionen und welche Wissenschaftler für die Durchführung von bestimmten Aufgaben der Grundlagenforschung besonders geeignet sind.

Nach der Einordnung der Ziele in die bestehende Infrastruktur können Schätzungen der für die Durchführung von Forschungsaufgaben benötigten Ressourcen vorgenommen werden. Danach erfolgt die Bilanzierung und die Aufteilung der Ressourcen auf die einzelnen Forschungseinrichtungen.

Dadurch können die ersten Schätzungen der oberen Grenze der Ressourcen für die Grundlagenforschung korrigiert werden, so daß Spielraum für einen Iterationsprozeß bei der Bestimmung und Aufteilung der Mittel und Kader für die Grundlagenforschung gewonnen werden kann.. Der ganze Iterationsprozeß läßt sich wie folgt veranschaulichen:

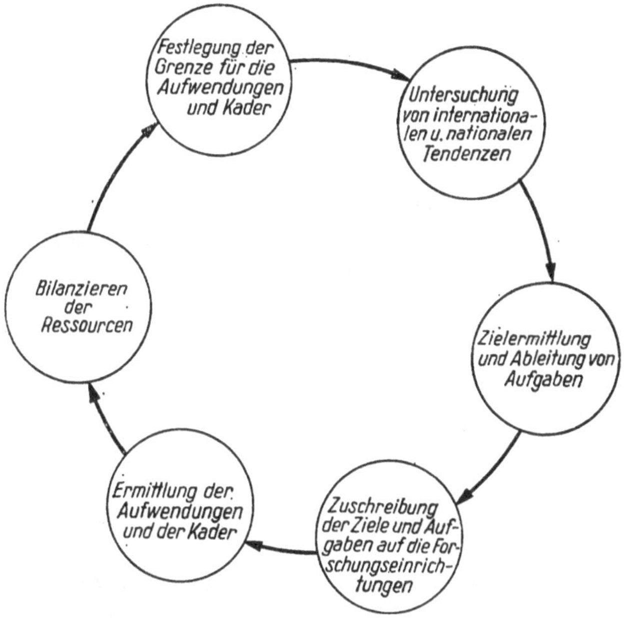

Abb. 4. Iterationsprozeß bei der komplexen Planung der Grundlagenforschung.

5.2.5. *Ziele für die Durchführung der auf bestimmte aktuelle Bedürfnisse bezogenen Forschung*

Bei der Entwicklung jeder Volkswirtschaft müssen mehrere heterogene Ziele realisiert werden. In keinem Land der Welt geschieht dies durch die bewußte oder unbewußte konsequente Anwendung rein ökonomischer Kriterien. Sogar die imperialistischen Staaten, die ihren Mechanismus der kapitalistischen Marktwirtschaft propagieren, stützen bestimmte Zweige und Betriebe und greifen zu anderen staatsmonopolistischen Maßnahmen, wenn ihnen dies zur Erreichung politischer und sonstiger Ziele der staatsmonopolistischen Herrschaft notwendig zu sein scheint.

Obwohl die obengenannten heterogenen Ziele miteinander verflochten sind, werden die gesellschaftlichen Ressourcen unter mehreren Zielen geteilt. Die Effektivität der Durchführung dieser Ziele wird nach unterschiedlichen Kriterien bewertet. Ökonomische Kriterien, die dabei vertreten sind, können hier unterschiedliche Gewichte haben.

Ohne auf die Vollständigkeit der Aufzählung von Zielen der Makroebene Anspruch zu erheben, können international folgende Hauptziele – im Sozialismus und Imperialismus mit diametral unterschiedlichem Klasseninhalt[9] – festgestellt werden, deren Durchführung die ökonomische Entwicklung eines Landes bedeutend bestimmt:

- politische Ziele,
- sozial-ökonomische Ziele,
- militärische Ziele (Ziele der Verteidigung der sozialistischen Staatengemeinschaft),
- Ziele der Entwicklung der Kultur einschließlich bestimmter Wissenschaftsgebiete,
- Ziele, die mit der Bekämpfung von negativen Auswirkungen des wissenschaftlich-technischen Fortschritts zusammenhängen (Umweltschutz).

Jede Gruppe der genannten Ziele ist wiederum in sich von verschiedenartiger Struktur. Politische Ziele werden ausgehend von mehreren Faktoren bestimmt, die nicht unbedingt rein ökonomischer Natur sind. Zum Beispiel wurden die Ziele der sowjetischen Außenpolitik, die für jedes sozialistische Land repräsentativ sind, wie folgt formuliert:

„Die Ziele der sowjetischen Außenpolitik ... bestehen darin, gemeinsam mit den anderen sozialistischen Ländern günstige internationale Bedingungen für den Aufbau des Sozialismus und Kommunismus zu sichern, die Einheit und Geschlossenheit der sozialistischen Länder, ihre Freundschaft und Brüderlichkeit zu festigen, die nationale Befreiungsbewegung zu unterstützen und allseitig mit den jungen Ent-

[9] Dieser grundsätzliche Unterschied geht zum Beispiel aus der Zusammenstellung der Ziele für die Sowjetunion hervor (vgl. Autorenkollektiv, Sistema komplexnogo planirovanija, in: Ėkonomika i matematiceskie metody, 3/1971).

wicklungsstaaten zusammenzuarbeiten, das Prinzip der friedlichen Koexistenz von Staaten mit unterschiedlicher sozialer Ordnung konsequent zu verfechten, den aggressiven Kräften des Imperialismus eine entschiedene Abfuhr zu erteilen und die Menschheit vor einem neuen Weltkrieg zu bewahren. Die gesamte praktische Tätigkeit des ZK auf dem Gebiet der internationalen Politik war darauf gerichtet, diese Ziele zu erreichen." [10]

An den politischen Zielen wird die diametral entgegengesetzte Politik der sozialistischen und kapitalistischen Staaten deutlich.

Es wäre jedoch eine starke Simplifizierung, die Maßnahmen zur Erreichung dieser Ziele mit der Entwicklung der Wirtschaft schlechthin zu identifizieren. In der Wirtschaftspraxis der sozialistischen Länder wird zum Beispiel entschieden, daß ein Werk in einem Entwicklungsland zu bauen ist, obwohl die gleichen Investitionen auch der eigenen ökonomischen Entwicklung zugute kommen könnten. Die ökonomischen Kriterien treten dabei im Rahmen dieser Entscheidung in der Weise auf, daß sie der Sicherung des Vorhabens mit minimalen Kosten, Einsparung an bestimmten Ressourcen usw. dienen.

Die Erhöhung des Niveaus der Arbeits- und Lebensbedingungen, die im Sozialismus zu den sozialen Zielen gehört, nimmt ebenfalls gesellschaftliche Ressourcen in Anspruch, bedeutet jedoch nicht unbedingt, daß dadurch zum Beispiel die Arbeitsproduktivität in dem gegebenen Zeitraum in jedem Fall schneller steigt.

Zur Sicherung der Verteidigung der sozialistischen Staatengemeinschaft werden Aufgaben und Ziele bestimmt. Erst in diesem Rahmen kommen ökonomische Kriterien (wie etwa Kosten und ähnliches) zur Anwendung.

Auch die Rettung von Kulturschätzen in Venedig vor Überschwemmung und Umweltverschmutzung ist nur insofern unter ökonomischen Gesichtspunkten zu betrachten, als durch die Berechnung von verschiedenen Varianten der Rettungsprojekte der höchste Effekt an Rettung im Rahmen der dafür bereitgestellten Mittel angestrebt wird.

[10] Brežnev, L. I., Rechenschaftsbericht an den XXIV. Parteitag der KPdSU, Moskau/Berlin 1971, S. 8.

In den USA werden unter den Gründen, die zu einer Verlangsamung des ökonomischen Wachstums in den 70er Jahren führen, Maßnahmen des Umweltschutzes genannt, die die Produktion verteuern und die gesellschaftliche Konsumtion erweitern.

Selbst ökonomische Ziele und Kriterien wie Steigerung der Arbeitsproduktivität, Erzielung von bestimmten Zuwachsraten des Nationaleinkommens, sind heterogen. Es bedeutet zum Beispiel einen großen Unterschied für die Optimierung, ob ein Ziel für einen Zeitraum von 15, 20 oder 100 Jahren gestellt wird. Dies spielt auch bei der Befriedigung von Bedürfnissen eine große Rolle. Es können dabei mehrere Varianten erarbeitet werden, die die gleichen Ziele zum Gegenstand haben, aber eine unterschiedliche Realisierungsdauer vorsehen.[11]

Durch die Zielstellung der maximalen Befriedigung der Bedürfnisse wird die Frage nach der bedarfsgerechten Produktionsstruktur aufgeworfen, die nicht unbedingt den maximal möglichen Zuwachsraten des Nationaleinkommens entspricht. Das ist sogar dann der Fall, wenn die internationale Arbeitsteilung so weit betrieben wird, daß die Möglichkeit besteht, bestimmte ökonomisch besonders günstige Industriezweige auf Kosten der für die Abdeckung des Bedarfs benötigten – jedoch ökonomisch weniger günstigen – Zweige forciert zu entwickeln.

Dies führt zu der Schlußfolgerung, daß innerhalb der sozialistischen Volkswirtschaft ein Zielsystem besteht, das in Gruppen und Zielblöcke aufgeteilt werden kann. Im Rahmen dieser Blöcke und Zielgruppen können einheitliche Effektivitätskriterien und Teiloptimierungen vorgenommen werden, die dann zu einer globalen Optimierung im Sinne eines optimalen Regimes des Ablaufs einer Volkswirtschaft führen, das auch quantitativ ausgedrückt werden kann (in diesem Sinne handelt es sich um eine globale Optimierung der Entwicklung einer Volkswirtschaft).[12]

[11] Vgl. dazu Steinitz, K., Zeitfaktor und Effektivität der sozialistischen erweiterten Reproduktion, in: Wirtschaftswissenschaft, 11/1965, S. 1766 bis 1767.

[12] Dazu auch: Autorenkollektiv, Sistema komplexnogo planirovanija, a. a. O.

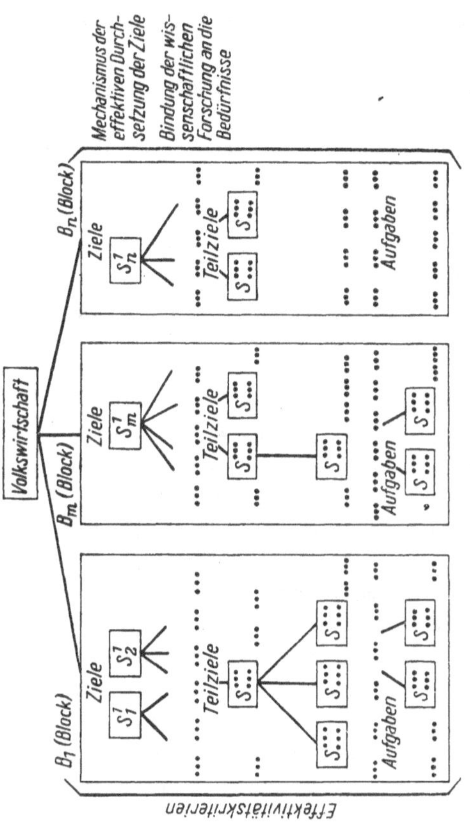

Abb. 5. Allgemeine Darstellung eines volkswirtschaftlichen Zielsystems für die Ableitung von Aufgaben und Aufgabenkomplexen für die wissenschaftliche Forschung.

Das Zielsystem der Volkswirtschaft ist der Ausgangspunkt für die Ableitung der Aufgaben und Aufgabenkomplexe für die wissenschaftliche Forschung und demzufolge die Voraussetzung für die komplexe Beherrschung des wissenschaftlich-technischen Fortschritts. Im Rahmen dieses Zielsystems liegen auch die Folgeprozesse der wissenschaftlichen Forschung (wie Bereitstellung von notwendigen Ressoucren, Leitungsprobleme, Territorialfragen und ähnliches), die ebenfalls von den Verantwortungsbereichen bzw. Territorien getragen werden.

Die Ableitung von Aufgaben und Aufgabenkomplexen für die wissenschaftliche Forschung erfolgt im Prinzip analog der Abbildung 5. Die praktische Beherrschung dieses Prozesses ist jedoch viel komplizierter, da die in verschiedenen Blöcken gruppierten Ziele sich wiederum unterscheiden in:

- neu aufgenommene Ziele (zum Beispiel Befriedigung von bestimmten neuen, aktuellen Bedürfnissen),
- bereits bestehende Ziele, die die normale Reproduktion sichern.

Nach einer anderen Betrachtungsweise in einer anderen Dimension):
- Ziele, bei deren Realisierung ein Endzustand erreicht wird (zum Beispiel bestimmte Investitionsobjekte),
- Ziele, die sich nur in einem ständigen Prozeß realisieren lassen (zum Beispiel kontinuierliche Sicherung der Versorgung der Bevölkerung mit bestimmten Waren).

Weiter sind es
- Ziele, die langfristiger Natur sind;
- Ziele, die kurzfristig verwirklicht werden müssen;
- Ziele, die komplex sind, das heißt, in der bestehenden Leitungsstruktur ohne zusätzliche Entscheidungen der übergeordneten Entscheidungsebenen und eine zentrale Koordinierung auf der übergeordneten Entscheidungsebene nicht durchgeführt werden können;
- Ziele, die nicht komplex sind, das heißt, sich in die bestehende Leitungsstruktur ohne zusätzliche Entscheidungen der übergeordneten Entscheidungsebenen und Eingriff in die bestehende Organisations- und Leitungsstruktur einordnen (in die gesamte Volkswirtschaft zum Beispiel im Rahmen des RGW, in einen Zweig, in einen Betrieb usw.);
- Querschnittsziele in Form einer Strategie (zum Beispiel Automatisierung oder Rationalisierung, Erhöhung der Arbeitsproduktivität und ähnliches);
- konkrete Ziele, wie zum Beispiel Automatisierung bestimmter Prozesse.

Die Ausarbeitung von einheitlichen Zielblöcken und -gruppen erfordert die Schaffung differenzierter Effektivitätskriterien sowie die Entwicklung eines Mechanismus der effektiven Realisierung der Ziele im Planungsprozeß, wie Wirtschaftsrecht, ökonomische Hebel, materielle und moralische Stimuli, gute Traditionen usw., die es ermöglichen, die Realisierung der Ziele entsprechend dem Charakter des Blocks und der Ziele selbst differenziert zu steuern. Gleichzeitig ist der Mechanismus einer effektiven Durchsetzung des wissenschaftlich-technischen Fortschritts seitens der Zweige und Betriebe und seitens der wissenschaftlichen Forschung Bestandteil dieses Mechanismus (unter der Wahrung der Eigenart der wissenschaftlichen Forschung).

Analog der oben geschilderten Grundlagenforschung ist die Zielermittlung und die Ableitung von Aufgaben und Aufgabenkomplexen nur einer in der Reihe der Schritte zur komplexen Beherrschung des wissenschaftlich-technischen Fortschritts. Insgesamt setzt sich der iterative Prozeß aus folgenden Schritten zusammen:

1. Ermittlung der Grenzbedingungen für die Höhe der Ressourcen, die für die wissenschaftliche Forschung bereitgestellt werden können (Anwendung unterschiedlicher ökonomisch-mathematischer Methoden).
2. Grobe Aufteilung der Ressourcen zwischen der Grundlagenforschung einerseits und sonstiger wissenschaftlicher Forschung andererseits sowie ihre Zuordnung zu volkswirtschaftlichen Bereichen.
3. Untersuchung der Ziele und Teilziele für den Staat, für die Volkswirtschaft, Zweige usw. Analyse der Ressourcen, die von der Volkswirtschaft, vom Zweig, von sonstigen gesellschaftlichen Bereichen (Investitionen, Kader usw.) für die Umsetzung von Ergebnissen der wissenschaftlichen Forschung bereitgestellt werden können.
4. Untersuchung von internationalen und nationalen Entwicklungstendenzen und Hauptrichtungen in der Wissenschaft und Technik, Analyse der Entwicklung der Zusammenarbeit in der wissenschaftlichen Forschung im RGW sowie auch mit anderen Ländern, die aus bestimmten Interessen von Bedeutung sind (zum Beispiel im Rahmen der UNESCO).
5. Dekomposition der Ziele unter dem Gesichtspunkt der wissenschaftlichen Forschung, Ableitung von Aufgaben und Aufgabenkomplexen für die Forschung.
6. Provisorische Einordnung der Aufgaben und Aufgabenkomplexe in die bestehende Infrastruktur der wissenschaftlichen Forschung, indem mehrere potentielle Forschungsträger angesprochen werden, damit der Wettbewerb von Ideen, der wissenschaftliche Meinungsstreit durchgeführt werden kann und gleichzeitig die Bedingungen für die mög-

liche Gründung von interinstitutionellen und interdisziplinären Forschungskollektiven geschaffen werden.

7. Überprüfung des Angebots der wissenschaftlichen Institutionen an neuen Ideen in unterschiedlichem Reifegrad, neuen Lösungen sowie Untersuchungen und Vorschläge zur Schaffung von wissenschaftlich-technischen Möglichkeiten für die Realisierung von Zielen und Teilzielen, grobe Schätzungen für Aufwand und Zeit, die benötigt werden, um das erwünschte Forschungsergebnis zu erzielen.

8. Grobe Überprüfung des Angebots, der Vorschläge und Vorstellungen und danach der Aufgaben und Aufgabenkomplexe mit ihren Realisierungsbedingungen durch die Verantwortlichen für die Realisierung gesamter Ziele bzw. Teilziele, das heißt der Folgeprozesse, die bei der Überleitung von Forschungsergebnissen ausgelöst werden (wie Investitionen, Kader usw.).

9. Addressierung der Aufgaben und Aufgabenkomplexe an die Forschungseinrichtungen und die Herstellung der stabilen Verbindungen zu den späteren Anwendern von Forschungsergebnissen. Mögliche Gründung von interinstitutionellen und interdisziplinären Forschungskollektiven bzw. neuer Forschungseinrichtungen, um die gewünschten Ergebnisse zu sichern.

10. Berechnung des Aufwands an Ressourcen für die Durchführung von Forschungsvorhaben.

11. Bilanzierung der Ressourcen und Berechnung des gesamten Aufwands an Ressourcen.

Da die Effektivität des Überleitungsprozesses – insbesondere die Möglichkeit der Bereitstellung von notwendigen Ressourcen für die Anwendung von Forschungsergebnissen – bereits von der Zielstellung und der Ableitung von Aufgaben abhängt, müssen in den gesamten Ablauf der komplexen Meisterung des wissenschaftlich-technischen Fortschritts die Möglichkeiten einer Simulation der Entscheidungen unter dem Gesichtspunkt ihrer Wirkung auf Folgeprozesse berücksichtigt werden. Die Fragen der Simulation wurden bereits im Abschnitt 4 ausführlich dargestellt.

Die allseitige und immer tiefere Befriedigung der Bedürfnisse der Menschen im Sozialismus hängt mit der Meisterung des wissenschaftlich-technischen Fortschritts zusammen.

Der dabei entstehenden Komplexität der Ziele entspricht die Komplexität der Aufgaben in der wissenschaftlichen Forschung, die die Realisierung der Ziele seitens der Wissenschaft sichern. Dabei treten die Wissenschaft und ihre Beherrschung als Ganzes immer mehr in den Vordergrund, das heißt, die Aufgaben, die dabei zu lösen sind, erfordern die Einbeziehung der Natur- und Gesellschaftswissenschaften sowie der technischen Wissenschaften; sie beziehen sich auf die Grundlagenforschung, angewandte Forschung und Entwicklung. In ihrer praktischen Handhabung wird man mit den Besonderheiten und Merkmalen konfrontiert, die bereits in dem Abschnitt über den Gegenstand der wissenschaftlichen Forschung erläutert wurden.

5.3. *Der Prozeß der wissenschaftlichen Forschung*

Aus der komplexen und komplizierten Problematik des Prozesses der wissenschaftlichen Forschung werden an dieser Stelle nur einige Fragen der Leitung und Organisation aufgegriffen, die vor allem mit der Durchführung von komplexen Forschungsvorhaben in Verbindung stehen. (Es muß berücksichtigt werden, daß einige Fragen von Merkmalen und Besonderheiten der wissenschaftlichen Forschung bereits erläutert wurden).

Aus der Darstellung von Merkmalen und Besonderheiten ging hervor, daß die Organisationsformen der wissenschaftlichen Forschung ihre Eigenart haben, die sie sowohl von der unmittelbaren Produktion als auch von der Arbeit in der Verwaltung unterscheiden.

Die Organisationsformen der wissenschaftlichen Forschung müssen es ermöglichen, die materiellen und personellen Ressourcen so einzusetzen, daß unter mehreren Möglichkeiten, die die Wissenschaft als Vorstoß ins Neue bietet, die besten aufgegriffen und zu einem Forschungsergebnis gebracht werden, das ein unter den gegebenen Bedingungen bestimmtes Optimum an Ergebnis und Aufwand darstellt. Organisation und Leitung sichern dabei den Forschungsprozeß selbst sowie die Verbindung zur Praxis bei der Mitarbeit an der Aufgabenstellung sowie bei der Überleitung der Forschungsergebnisse in die Praxis.

Wie aus der Darstellung des gesellschaftlichen Gesamtforschers hervorging, müssen im Rahmen der Organisation einer wissenschaftlichen Forschung mehrere verschiedene Funktionen (zum Beispiel Leitungstätigkeit, unmittelbare Untersuchung des Forschungsgegenstandes, Verbindung zur Praxis, Öffentlichkeitsarbeit, Popularisierung der Ergebnisse, technische Arbeiten usw.) untereinander optimiert werden. Die Schwierigkeit besteht darin, daß jedes Mitglied eines Forschungskollektivs nach den Kriterien der Erfüllung seiner spezifischen Tätigkeit und gleichzeitig nach den Kriterien der Einschätzung der Effektivität der Forschung des Kollektivs insgesamt beurteilt werden muß.

Besonders kompliziert erweisen sich die Organisationsformen im Rahmen der Lösung von komplexen Vorhaben des wissenschaftlich-technischen Fortschritts, die die Gründung eines interdisziplinären und interinstitutionellen Forschungskollektivs erfordern.

Wenn wir die Anforderungen an die Wissenschaft berücksichtigen, die sich aus der Durchführung des Komplexprogramms des RGW ergeben, sind die Fragen des funktionalen Prinzips der Organisation der Forschung äußerst aktuell. Offensichtlich werden multinationale Forschungen in vielen Fällen nach demselben funktionalen Prinzip wie interdisziplinäre und interinstitutionelle Forschungen in einem einzelnen Land durchgeführt.

Wie bereits erläutert, erfordert die interdisziplinäre und interinstitutionelle Forschung die Einordnung in die bestehende Infrastruktur der wissenschaftlichen Forschung. Daraus ergeben sich wichtige Probleme:

1. Zwei- und mehrfache Unterstellung eines Forschers – zum einen in der Organisationsstruktur seiner eigenen Institution, in der er hauptamtlich tätig ist, zum anderen in der Ad-hoc-Gruppe. Die Leistungsfähigkeit des Forschers in der interinstitutionellen Gruppe kann dadurch negativ beeinträchtigt werden, daß in dem Forschungsprofil des betreffenden Landes stark ausgeprägte vertikale hierarchische Organisationsstrukturen dominieren, bei denen die mehrfache Unterstellung erschwert wird (diese Fragen werden eine wichtige Rolle in der wissenschaftlich-technischen Zusammenarbeit im RGW spielen).

2. Möglichkeiten der Benennung von geeigneten Institutionen und Mitarbeitern. Dabei besteht außer dem bereits erwähnten Problem noch das Problem der Verträglichkeit bestimmter Forschungseinrichtungen und Forscher. Es resultiert objektiv aus möglichen unterschiedlichen wissenschaftlichen Auffassungen, kann aber auch andere Gründe haben. Wenn die Fragen der Verträglichkeit bei der Gründung eines interdisziplinären und interinstitutionellen Kollektivs ungenügend berücksichtigt werden, wird die gemeinsame Forschung an eine Regatta erinnern, bei der die Sportler eines Bootes in unterschiedlichen Richtungen rudern.

3. Das allgemeine wissenschaftliche Leben. Da in jeder Forschungseinrichtung Mitarbeiter mit unterschiedlicher Qualifikation arbeiten, die für die Lösung einer bestimmten Aufgabe besser oder schlechter geeignet sind (manchmal wissen sie es selbst nicht), spielt das allgemeine wissenschaftliche Leben eine große Rolle (dazu gehören Veröffentlichungen der Ergebnisse, öffentliche wissenschaftliche Diskussionen zu bestimmten noch ungeklärten Fragen, Austausch der Erfahrungen auch in bezug auf den Arbeitsstil und viele andere Fragen des wissenschaftlichen Meinungsstreites). Es ermöglicht, ein interdisziplinäres und interinstitutionelles Forschungskollektiv schnell und effektiv zusammenzustellen.

4. Klar definierte Vollmachten und Pflichten, die sich in einem ausgewogenen Verhältnis befinden. „Große Rechte bei geringer Verantwortlichkeit schaffen Möglichkeiten für administrative Willkür, Subjektivismus und unüberlegte Entschlüsse. Kein Deut besser ist große Verantwortung bei geringen Rechten. In einer solchen Lage erweist sich häufig sogar der strebsamste Mitarbeiter als schwach, und es ist schwierig, ihn für die ihm übertragene Aufgabe in vollem Umfange verantwortlich zu machen."[13] Da bei der komplexen Forschung im Forschungsprozeß unerwartet Fragen entstehen können, müssen diese Vollmachten eine hohe Flexibilität an notwendigen Entscheidungen erlauben. Eine effektive Durchführung von komplexen Vorhaben – insbesondere in einem interdisziplinären und interinstitutionellen Forschungskollektiv – duldet keine Bürokratie.

[13] Brežnev, L. I., Rechenschaftsbericht . . ., a. a. O., S. 93–94.

5. Zuordnung eines komplexen Forschungsvorhabens in einem interdisziplinären und interinstitutionellen Kollektiv zu einer Forschungseinrichtung als Basis, die sich mit dem Vorhaben identifizieren muß (wie bereits gesagt, werden dadurch zahlreiche administrative und rechtliche Fragen gelöst).

Im Rahmen einer interinstitutionellen und interdisziplinären Forschung entstehen verschiedene Funktionen und eine damit verbundene Arbeitsteilung. Die Erfüllung der Teilaufgaben trägt dabei permanenten, weniger permanenten oder einmaligen Charakter. Oft erweist sich die Bildung einer Stabs- bzw. Organisationsgruppe als erforderlich. Sie schließt folgende Mitarbeiter ein:

- die Leitungs-, Organisations- und Koordinierungsfunktionen sowie technische Arbeiten ausführen;
- die das gesamte Konzept sowie die Systemkonzeption für den Arbeitsablauf ausarbeiten und Anforderungen an die materiell-technische Sicherung des Projekts planen (zum Beispiel mit Hilfe des Netzplanes);
- die bestimmte Spezialkenntnisse auf entsprechenden Gebieten der Wissenschaft und Praxis besitzen, die bei der Durchführung der Forschung angesprochen werden. Ausgehend von der Kenntnis des gesamten Vorhabens besteht ihre Aufgabe darin, die Aufgaben an die Experten fachkundig richtig auszuarbeiten, sie anzuleiten und ihre Ergebnisse einzuschätzen, um sie danach in die gesamte Aufgabe zu integrieren;
- Vertreter der Praxis, die entsprechende Kenntnisse über die Anwendung des Forschungsergebnisses besitzen (wenn es um Vorhaben für die Praxis geht).

Daneben muß oft eine Expertengruppe gebildet werden. Die Mitglieder dieser Gruppe werden bei der Durchführung von bestimmten Operationen vorübergehend in die Arbeit einbezogen (etwa nach dem Prinzip der Netzplantechnik). Von der Mitarbeit der Experten (solche kompetenten Experten können eventuell – nicht nur im eigenen Land, sondern im gesamten RGW-Bereich – einige wenige sein, ja vielleicht auch nur ein einziger) hängt die Qualität der Forschungsergebnisse entscheidend ab.

5.4. Outputs

Das englische Sprichwort „the proof of the pudding is in it's eating" hat seine volle Gültigkeit auch für die wissenschaftliche Forschung, da es letzten Endes die Ergebnisse sind, die die Effektivität der wissenschaftlichen Forschung charakterisieren.

Die Forschungsergebnisse können nach verschiedenen Gesichtspunkten klassifiziert werden:

1. Forschungsergebnisse, die den Bereich der wissenschaftlichen Forschung verlassen, um in der Praxis wirksam zu werden;
2. Forschungsergebnisse, die der inneren Weiterentwicklung der Wissenschaft dienen und als solche in die Wissenschaft zurückfließen;
3. Forschungsergebnisse, die gleichzeitig beide Funktionen erfüllen.

Im ersten und im dritten Fall braucht man für den Nachweis der Effektivität der wissenschaftlichen Forschung die Anwendung der Ergebnisse in der Praxis. Die sogenannte Ökonomisierung der wissenschaftlichen Forschung findet in diesem Fall erst später statt, abgesehen vom Verkauf der Patente und Lizenzen bzw. Vergabe der Forschungsergebnisse in anderen Formen.

Bestimmte Forschungsergebnisse können zwar Warenform annehmen und als Ware behandelt werden, sie bleiben aber trotzdem eine spezifische Ware, deren Gebrauchswerteigenschaften Neuigkeitswert besitzen und deren eigentlicher Wert weit von ihrem Preis abweichen kann. Deshalb wird bei den in den USA bereits teilweise überspitzten Kosten/Effektivitäts-Analysen (zum Beispiel in der theoretischen Forschung) Oscar Wilde zitiert, der von den Menschen spricht, die von jedem Ding den Preis, aber von keinem den Wert kennen.

Eine Analogie zur materiellen Produktion, nach der Forschungsergebnisse mit den Ergebnissen der materiellen Produktion verglichen werden, ist in Wirklichkeit nur bedingt anwendbar. Selbst wenn die Grundlagenforschung und die angewandte Forschung aus der Betrachtung ausgeklammert werden, bleibt das Merkmal der wissenschaftlichen Forschung, die anzustrebende Neuheit ihrer Forschungsergebnisse, trotzdem bestehen. Wenn das Merkmal der Neuheit des Ergebnisses schlechthin bei der Nachbauforschung oder einfachen Wiederholung von international bereits bekannten Ergebnissen in Wirklichkeit sehr weit modifiziert wird und deshalb ebenfalls relativ ist, bleibt es für den Anwender doch erhalten und damit die Schwierigkeit, den gesellschaftlich notwendigen Aufwand für die wissenschaftliche Forschung zu ermitteln (ob viel oder wenig Neues mit mehr oder weniger Aufwand – das heißt mit welcher Effektivität – erzielt wurde).

Die Vergleichbarkeit von Forschungsergebnissen, die für die Ermittlung des gesellschaftlich notwendigen Aufwands notwendig ist, ist sogar in der Industrieforschung nur bedingt durchführbar. Dieses „bedingt durchführbar" kann sich aus dem Wettbewerb von Ideen, Variantenvergleichen und ähnlichem ergeben, die es ermöglichen, den gesellschaftlich notwendigen Aufwand – und damit die Kosten – möglichst niedrig zu halten.

Des weiteren ergeben sich große Kostenunterschiede aus dem Charakter der Forschungsergebnisse (ob es sich um Ergebnisse der Pionier-, der Nachbau- oder der Wiederholungsforschung handelt).

Sobald ein Forschungsergebnis bekannt wird, können seine Wiederholung und mögliche Modifikation mit einer starken Kostensenkung verbunden sein. Der Patentschutz bietet dabei keine völlig ausreichende Garantie gegen die Übernahme. Es können nicht alle Forschungsergebnisse patentiert werden.

Man kann weder Ideen noch negative Ergebnisse patentieren. Die Ideen sind es, auf die nicht nur große Kostenunterschiede, sondern sogar Lösung oder Nichtlösung einer Aufgabe zurückzuführen sind. Die Auswertung von negativen Forschungsergebnissen spielt in der wissenschaftlichen Forschung, die in ihrem Wesen doch eine Tätigkeit bleibt, die sich durch Versuch und Irrtum entwickelt, etwa die gleiche Rolle, wie die Sektion beim Fortschritt der Medizin. Negative Forschungsergebnisse zeigen die vorhandenen Fehler auf, bringen von falschen Konzeptionen und Forschungsrichtungen ab und weisen auf neue Möglichkeiten hin, Forschungsaufgaben zu einem erfolgreichen Abschluß zu bringen.

Ein Ergebnis der wissenschaftlichen Forschung – und damit der dafür aufgebrachte Aufwand – wird erst dann als gesellschaftlich nützlich bzw. als gesellschaftlich notwendiger Aufwand anerkannt, wenn es bestimmten Anforderungen entspricht, die sowohl objektiver als auch subjektiver Natur sind. Mit anderen Worten, objektive Anforderungen an die Befriedigung gesellschaftlicher Bedürfnisse sowie die objektiv notwendige Weiterentwicklung der Wissenschaft werden durch die Menschen eingeschätzt und bestimmt. Sie bestimmen die dafür erforderlichen Forschungsaufgaben. Hohe Anforderungen an die Forschung, die aus der Erfüllung der Hauptaufgabe resultieren, aktualisieren die Fragen der weiteren wissenschaftlichen Objektivierung von Entscheidungen bei der Festlegung von Forschungsaufgaben, ihrer Durchführung, Einschätzung und Auswahl besonders geeigneter Ergebnisse. Es wurde bereits mehrmals darauf hingewiesen, daß ein Forschungsprozeß im Grunde genommen ein endloser Erkenntnisprozeß ist und immer neue Möglichkeiten für die mögliche Vervollkommnung des Erkenntnisstandes bietet. Natürlich hängt die Entscheidung davon ab, ob und wann das erwünschte Ziel erreicht werden kann und muß. Es muß von vornherein unter der Berücksichtigung einer ganzen Kette von Folgeprozessen betrachtet werden: sowohl in der Forschung als auch außerhalb der Forschung. In der materiellen Produktion sind dies Überleitung, Produktion, Anwendung, in anderen Bereichen Überleitung und Anwendung. Dem subjektiven Faktor wird dabei ein relativ großer Spielraum gelassen, in dem Entscheidungen getroffen werden können.

Besonders verantwortungsvoll ist dabei die Handhabung von Forschungsergebnissen, die neue Richtungen, Anfänge bestimmter Entwicklungen darstellen. In der Regel füllen sie ein „Vakuum" an Wissen auf dem entsprechenden Gebiet aus und legen das Fundament für die weitere Forschung. Wenn das „Vakuum" bereits ausgefüllt ist, stoßen grundsätzliche Veränderungen auf zusätzliche Schwierigkeiten, da die vorhandenen Erkenntnisse sich bereits eingebürgert haben.

Wenn schon das Merkmal der wissenschaftlichen Forschung – die anzustrebende Neuheit ihrer Ergebnisse – den Warencharakter der Forschungsergebnisse im Stadium der Entwicklung modifizieren kann, so ist die Wertbestimmung der Ergebnisse der angewandten Forschung noch problematischer. Der Wert der Ergebnisse der Grundlagenforschung, zum Beispiel der Newtonschen Gesetze oder der Relativitätstheorie, kann überhaupt nicht bestimmt werden (das heißt außer der Behauptung „wichtig" oder „sehr wichtig").

Ergebnisse der wissenschaftlichen Forschung können in folgenden verschiedenen Formen fertiggestellt und weitergeleitet werden:

- mündliche Mitteilungen und schriftliche Berichte,
- Vorträge, Diskussionsbeiträge und Veröffentlichungen,
- Patente,
- Erzeugnismuster, Pilotanlagen, technische Dokumentation, Erzeugnisse (wenn das Erzeugnismuster mit dem Erzeugnis, das der Anwender benötigt, identisch ist) und anderes.

In jedem Fall hängt die wissenschaftliche Forschung mit der Produktion von Daten zusammen, die unter den Bedingungen der wissenschaftlich-technischen Revolution rapide ansteigt. Da die wissenschaftliche Forschung auf der Basis des vorhandenen Wissens aufbaut, bildet sich ein Kreislauf heraus, in dem zahlreiche Ergebnisse der wissenschaftlichen Forschung als Zwischenergebnisse betrachtet werden und als Inputs in die Forschung einfließen.

Aus den internationalen und nationalen Datenströmen müssen die Informationen ausgesondert werden, die für das eigene Forschungsvorhaben von Bedeutung sind. Wie bereits bei der Darstellung der Informationslawine angedeutet wurde und worauf auch in diesem Zusammenhang noch einmal kurz hingewiesen werden soll, sind dies bei den komplexen Aufgaben des wissenschaftlich-technischen Fortschritts keinesfalls nur Recherchen nach allen relevanten Quellen, sondern ebenfalls sinnvolle Einengung und Auswahl dieser Quellen.

Wissenschaftliche Ergebnisse lassen sich in unterschiedlichem Maße ökonomisieren, und auch der Zeitraum ihrer Ökonomisierung ist von Fall zu Fall ein anderer (das heißt Umsetzung der Ergebnisse in die Praxis unter der Anwendung von ökonomischen Kriterien, Verbreitung in der Volkswirtschaft und Dauer ihrer Wirksamkeit im betreffenden Anwendungsbereich). Die Ökonomisierung von Forschungsergebnissen hinsichtlich der Zeit, die bis zu ihrer Umsetzung in die Praxis vergeht, und ihrer Lebensdauer ist im Stadium der Entwicklung relativ einfach einzuschätzen. Als kompliziert erweisen sich jedoch sowohl die Meisterung der Verbreitung (Diffusion) von Forschungsergebnissen, da sich oft unerwartete Möglichkeiten der multivalenten Nutzung von Ergebnissen außerhalb des vorgesehenen direkten Anwendungsbereichs zeigen, als auch – im Zusammenhang damit – die Ökonomisierung eines Forschungsergebnisses, das die Vorstufe für die Ökonomisierung zahlreicher anderer in dieser Verbindung unvorhergesehenen Forschungsergebnisse zur Folge hat, zum Beispiel Ökonomisierung der Forschungsergebnisse über integrierte Schaltkreise und die Anwendung von Schaltkreisen in anderen Erzeugnissen.

Die Ökonomisierung von Forschungsergebnissen der angewandten und insbesondere der Grundlagenforschung ist schwer zu bestimmen.

Nach Sominski kann der Anteil der angewandten Forschungsergebnisse aus der Entwicklungsphase 95 bis 97 Prozent betragen.[14] Trotz der sehr hohen Zahl von Ergebnissen, die praktische Anwendung finden (was offensichtlich auch auf die Berechnungsmethode der betreffenden Untersuchung sowie auf die spezielle Eigenart der Betriebe, die als repräsentativ gedient haben, zurückzuführen ist) zeigt sich eindeutig ein großer Unterschied in der Ökonomisierung der Grundlagen-Forschung und der Entwicklung.

Wie bereits gesagt, dürfen die Schwierigkeiten bei der Einschätzung der Ökonomisierung der Ergebnisse der Grundlagenforschung nicht dazu verleiten, die Grundlagenforschung und die auf den ersten Blick wenig attraktiv erscheinenden Gebiete der Wissenschaft insgesamt zu vernachlässigen bzw. sie nur als Kulturförderung aufzufassen.[15] So hat man zum

[14] Vgl. Lebedev, V. G., Narodnochozjajastvennaja ėffektivnost' razvitija techniki, Moskau 1971, S. 246.

[15] Dem Autor wurde im Institut für Physikalische Chemie in Berlin an einem konkreten Beispiel demonstriert, daß enge Rückkopplungen zwischen der Grundlagenforschung und allen anderen Forschungsstufen bestehen. So ist der Nachweis für die Praxisreife einer wichtigen Erfindung in einem Experiment noch keine Garantie für ihre Gültigkeit in der Großproduktion, weil zusätzliche Probleme auftreten können, die die Erforschung von entsprechenden Gesetzmäßigkeiten erfordern.

Beispiel noch vor wenigen Jahren bei der Entwicklung der Sprachwissenschaften nur die Förderung der Kultur gesehen. Heute sind sie für den Fortschritt der Computersprachen, für die Ausarbeitung von Informationssystemen, von automatisierten Leitungssystemen, für die Qualifizierung der Leitung und Planung der Volkswirtschaft unentbehrlich. In diesem Zusammenhang kann auch von dem Produktivwerden dieser Wissenschaftsgebiete gesprochen werden.

In diesem Zusammenhang wird die Bedeutung der Worte von Friedrich Engels besonders deutlich: „... die Nation, die auf der Höhe der Wissenschaft stehen will, kann nun einmal ohne theoretisches Denken nicht auskommen.“ [16]

5.5. *Anwendung*

Die Beurteilung der Effektivität der Forschungs- und Entwicklungsergebnisse, die den Bereich der Wissenschaft verlassen, um in der Ökonomie und sonstigen gesellschaftlichen Bereichen angewandt zu werden, hängt mit der Anwendung dieser Ergebnisse zusammen. Bekanntlich erweist sich nur ein Teil der gewonnenen Forschungsergebnisse als für die Anwendung in der Praxis geeignet. Nach sehr groben Schätzungen endeten etwa 60 Prozent aller angefangenen Forschungsarbeiten in der Industrie führender kapitalistischer Länder ergebnislos.[17]

Die sowjetischen Untersuchungen zeigten, daß in der UdSSR ungefähr bis 50 Prozent der Forschungsergebnisse in der Produktion genutzt werden. Der Rest erwies sich aus verschiedenen Gründen für die Produktion als ungeeignet.[18]

In der internationalen und in der DDR-Literatur wurden bereits viele Faktoren untersucht, die eine erfolgreiche Überleitung und darauffolgende Nutzung von wissenschaftlichen Forschungsergebnissen beeinflussen, so daß hier nur eine all-

Diese Probleme können im Laborversuch im „Rauschen“ untergehen. Daraus kann sich die Notwendigkeit der Rückkopplung auf die Grundlagenforschung bereits im Stadium der Überleitung ergeben.

[16] F. Engels, Dialektik der Natur, in: MEW, Bd 20, Berlin 1962, S. 332.

[17] Vgl. Lebedev, V. G., a. a. O., S. 245.

[18] Vgl. Ebenda.

gemeine Gruppierung bzw. Akzentuierung von Faktoren durchgeführt wird, die mit den Fragen der Lösung von komplexen Aufgaben des wissenschaftlich-technischen Fortschritts zusammenhängen.

Die Überleitung von Forschungs- und Entwicklungsergebnissen in die Produktion stellt auch international ein schwieriges Problem und einen Schwerpunkt der internationalen Forschung dar.[19] Gleichzeitig muß darauf hingewiesen werden, daß der Begriff Überleitung nicht nur eine Seufe in der Kette Wissenschaft – Produktion schlechthin, sondern einen ganzen Komplex von Faktoren der gesamten Kette Wissenschaft – Produktion– Distribution– Konsumtion– darstellt. Es ist also bildlich gesprochen nur die Spitze eines Eisberges.

Ganz allgemein betrachtet, hängt die Überleitung eines Forschungsergebnisses in die Praxis und seine Nutzung davon ab, ob es den gestellten wissenschaftlich-technischen, ökonomischen und sonstigen Anforderungen entspricht, die die Praxis an das Ergebnis stellt, und ob ökonomische Möglichkeiten vorhanden sind, es in die Praxis umzusetzen. Gleichzeitig ist die Überleitung eines Forschungsergebnisses ein wichtiges ideologisches Problem, wobei es sich um seine wissenschaftlich-technischen Eigenschaften handelt, wie die Widerspiegelung des Entwicklungsstandes der Wissenschaft, die technische Ausführung, die Darstellungsform usw.).

Es geht um die Wert- und Gebrauchswerteigenschaften eines Forschungsergebnisses, die Folgeprozesse, die es auslöst, das heißt also, um die Ökonomie der wissenschaftlichen Forschung und die Übereinstimmung des Forschungsergebnisses mit den Anforderungen, die sich aus den Zielvorstellungen ergeben. Daraus ergibt sich eine Kette von kausalen Zusammenhängen, die bereits geschildert wurden – wie die Befriedigung von Bedürfnissen als Verlangen nach bestimmten materiellen und geistigen Gütern und Dienstleistungen, die durch die Konfrontation mit ihren Realisierungsmöglichkeiten (in Wissenschaft, Technik und Ökonomie) ihren Ausdruck in der Abdeckung eines bestimmten Bedarfs an materiellen und geistigen Gütern und Dienstleistungen findet. Dies

[19] In der DDR betrachtet zum Beispiel die Hochschule für Ökonomie die Forschung und Entwicklung bereits im Zusammenhang mit der Überleitung.

führt wiederum zur Ermittlung von Zielen und Teilzielen, bei deren Realisierung die Forschungsergebnisse komplex in Systemlösungen integriert werden müssen.

Der Mechanismus der Meisterung des wissenschaftlich-technischen Fortschritts muß deshalb zwei Ausgangspunkte haben:

1. den Zwang für die Wissenschaft und Technik, wissenschaftlich-technische Höchstleistungen unter den gegebenen Bedingungen anzustreben;
2. den Zwang für die Praxis, zusammen mit der Wissenschaft und Technik nach effektiven Lösungen der Probleme zu suchen und diese Lösungen effektiv durchzuführen.

Dieser Zwang steht andererseits mit einem langwierigen und komplizierten Prozeß der Entwicklung einer Atmosphäre der Zusammenarbeit zwischen Wissenschaft und Praxis in Verbindung, die sich unvollkommen in Normativen, Kennziffern und gesetzlichen Verordnungen bestimmen läßt. Dazu gehören zum Beispiel die Erziehung von Verantwortungsgefühl für das Schicksal der Forschungsergebnisse und für die Erfüllung der Bedürfnisse der Praxis und die richtige Auffassung von persönlichen und gesellschaftlichen Interessen, die sich in einem Forschungsergebnis niederschlagen – um nur zwei solcher Probleme aufzugreifen.

Bekanntlich ist ein Erfolg in der wissenschaftlichen Forschung auch ein persönlicher Erfolg dieses oder jenes Forschers. Die Leistungsfähigkeit der wissenschaftlichen Forschung wird jedoch gestärkt, wenn die Wissenschaftler und Vertreter der Praxis hinter jedem Erfolg oder Mißerfolg der Arbeit eines Kollegen nicht nur eine persönliche, sondern vor allem eine gesellschaftlich wichtige Angelegenheit sehen, die sie letzten Endes unmittelbar betrifft. Diese Ideologie hat sich auf vielen anderen Gebieten des gesellschaftlichen Lebens offensichtlich schon stärker durchgesetzt als in der wissenschaftlichen Forschung. Ein schlecht gebautes Haus zum Beispiel verärgert nicht nur seine Bewohner, sondern auch andere Bürger der Stadt, die sich davon persönlich betroffen fühlen.

Das Niveau der Bedürfnisbefriedigung an materiellen und geistigen Gütern und Dienstleistungen, die Verbesserung der Lebensbedingungen der Bevölkerung im breiten Sinne dieses Wortes sind letztlich die Voraussetzungen für eine breite

Basis zur Umsetzung der Forschungsergebnisse in die Praxis. Sie stellen die entsprechenden Anforderungen an die Quantität und Qualität der Forschungsergebnisse.

Dies kann an einem einfachen Beispiel veranschaulicht werden. Ein Forschungsergebnis läßt sich beliebig oft reproduzieren. Im Zusammenhang damit bildet nun der Absatz von 3 Millionen Fernsehapparaten eine ganz andere Basis für die Überleitung von Forschungsergebnissen als der Verkauf von nur 30000. Unterschiedliche Auswirkungen auf die Entwicklung der Elektronik und die Steigerung der allgemeinen technischen Kultur des Landes resultieren daraus. Die Massenproduktion ist auch Voraussetzung für die Senkung des gesellschaftlich notwendigen Aufwands pro Erzeugnis, was sich in diesem Fall im Preis niederschlagen soll. Denn ein hoher Preis für die forschungsintensiven Erzeugnisse kann eine Reaktion in der entgegengesetzten Richtung auslösen.

Die Überprüfung der Gebrauchswerteigenschaften von Forschungsergebnissen läßt sich durch den Nachweis von Gebrauchswerteigenschaften der daraus resultierenden Erzeugnisse und Verfahren bzw. anderer Anwendungsergebnisse durchführen. Dies kann durch den Vergleich von Anwendungsergebnissen mit der sich daraus ergebenden notwendigen Rückkopplung auf die wissenschaftliche Forschung gesichert werden. Die Möglichkeiten eines Vergleiches von Erzeugnissen, Verfahren und anderen Ergebnissen der wissenschaftlichen Forschung sind nicht nur international, sondern auch oft national gegeben, was insbesondere die Erzeugnisse der Konsumgüterindustrie (zum Beispiel gleiche Konsumgüter innerhalb der DDR) betrifft.

Auf den Gebieten, die die Vergleichbarkeit der Erzeugnisse wegen hoher Kosten, Einmaligkeit usw. schlecht zulassen, greift man zur Simulation (zum Beispiel in der Raumfahrtforschung und auf ähnlichen Gebieten).

In der ökonomischen Literatur wurden bereits viele Umstände genannt, die zur effektiven Überleitung von Forschungsergebnissen in die Praxis beitragen. Es sind dies, was die Ergebnisse der Industrieforschung anbetrifft, zum Beispiel Aufgabenstellung, Bereitstellung von notwendigen Investitionen und Kadern, Durchführung einer vorausschauenden Bedarfsforschung, entsprechende Organisation,

Planung und Leitung, Absatz und Kundendienst. Des weiteren gehören dazu der Zeitfaktor[20] sowie der Reproduktionszyklus eines Erzeugnisses bzw. Verfahrens. Man spricht in diesem Zusammenhang auch von den Aufnahmezyklen für neue Erzeugnisse, die mit einer bestimmten Strategie auf dem Gebiet entsprechender Produktion zusammenhängen (Generationen bestimmter Erzeugnisse, zum Beispiel elektronischer Datenverarbeitungsanlagen).

Der heterogene Charakter der Forschungsergebnisse sowie ihre unterschiedlichen Anwendungsgebiete haben zu einer Vielfalt von verschiedenen Methoden zur Berechnung der Effektivität der wissenschaftlichen Forschung geführt, die alle von der Gegenüberstellung von Aufwand und Ergebnis in unterschiedlichen Formen ausgehen. Die Vielzahl der Nutzeffektskriterien, die von Schilling in Aufwands- und Ergebniskriterien gruppiert werden[21], zeugen nicht nur von der Mehrzahl der Varianten, die Effektivität der Forschung zu bestimmen, sondern auch von der Vielfalt unterschiedlicher Forschungsaufgaben und verschiedener Anwendungsgebiete, für die sie entwickelt wurden und bei denen sie differenziert angewendet werden.[22]

Aufwandskriterium des ökonomischen Nutzeffekts für die Aufgaben des wissenschaftlich-technischen Fortschritts in der Industrie ist der einmalige Aufwand für die Vorbereitung und Durchführung einer Aufgabe.[23] Die ökonomischen Ergebnisse solch einer Aufgabe drücken sich aus in:

– Gewinn,
– Qualität und Quantität der Produktion,
– Exportrentabilität,
– Selbstkosten,
– Arbeitsproduktivität,

[20] Vgl. Steinitz, K., Garscha, J., Die Beziehungen zwischen dem Zeitfaktor und dem ökonomischen Nutzeffekt des wissenschaftlich-technischen Fortschritts, in: Schriftenreihe Planung und Leitung der Volkswirtschaft, Heft 18, Berlin 1966.

[21] Vgl. Schilling, G., Zu einigen Grundfragen der Ermittlung des Nutzeffekts von Aufgaben des wissenschaftlich-technischen Fortschritts, in: Wirtschaftswissenschaft, 5/1971, S. 639–640.

[22] Ebenda.

[23] Ebenda.

– Arbeitskräften,
– Materialverbrauch,
– Ausnutzung der Produktionsfonds.[24]

In der sowjetischen Literatur wird zum Beispiel folgendes System der Kennziffern für die Einschätzung der Effektivität des wissenschaftlich-technischen Fortschritts aufgestellt:[25]

– Arbeitsproduktivität,
– Arbeitsintensität,
– Materialintensität und Selbstkosten der Produktion,
– Fondsrentabilität,
– Rentabilität,
– ökonomischer Jahreseffekt,
– Koeffizient der Effektivität (oder Rückflußdauer).

Insgesamt werden für die Charakteristik unterschiedlicher Seiten der Effektivität des wissenschaftlich-technischen Fortschritts in der UdSSR etwa 160 Kennziffern angewandt, die wie folgt gruppiert werden können:[26]

1. Art (ökonomische und technische),
2. Messungsform (Wert- und Naturalkennziffern),
3. Charakter der Bildung (absolute und relative, vollständige und anteilmäßige, komplexe und einfache),
4. Stadien (Forschung, Herstellung, Benutzung),
5. Stand des Ausdrucks der Effektivität (Haupt- und Nebenkennziffern),
6. Maßstab der Messung (volkswirtschaftliche und lokale).

Schilling gruppiert die Berechnungsverfahren, die mindestens Teilaussagen über den Nutzeffekt zur Auswahl einer ökonomisch günstigen Variante in der Industrieforschung liefern können, um drei Grundtypen:[27]

1. Rückflußdauer,
2. Reduktionskosten,
3. Aufwandskennziffer.

[24] Ebenda.

[25] Vgl. dazu auch Lebedev, V. G., a. a. O., S. 105 u. a.

[26] Ebenda, S. 105f.

[27] Vgl. Schilling, G., Zur Entscheidungsvorbereitung von Aufgaben des wissenschaftlich-technischen Fortschritts, insbesondere der Nutzeffektsermittlung, Broschüre des Ökonomischen Forschungsinstitutes der Staatlichen Plankommission, Berlin 1970, S. 53f.

Die Aufgabe dieser Arbeit besteht nicht darin, einzelne Berechnungsverfahren des Nutzeffekts der wissenschaftlichen Forschung darzustellen und sie nach Vor- und Nachteilen zu untersuchen, sondern allein darin, auf die Vielzahl solcher Verfahren hinzuweisen. Ihre Systematisierung wird unter verschiedenen Gesichtspunkten durchgeführt. Neben bereits erwähnten Gruppierungen könnten noch weitere genannt werden: in der Industrieforschung geteilt nach Erzeugnissen und Verfahren, Erzeugnissen mit dem Anwendereffekt außerhalb des gesellschaftlichen Reproduktionsprozesses und innerhalb des gesellschaftlichen Reproduktionsprozesses (neue Technik)[28]. Neben den bereits geschilderten Verfahren zur Berechnung von Varianten könnten solche genannt werden, die sich auf Varianten mit verschiedenen Zielsetzungen und auf die Berechnung von Varianten innerhalb einer Zielsetzung (Kosten/Effektivitäts-Analysen) beziehen.

Als viel komplizierter erweist sich die Einschätzung des Nutzeffektes der Forschungsergebnisse, die ihre Anwendung nicht in Form von Erzeugnissen und Verfahren finden, wie das etwa auf dem Gebiet der Gesellschaftswissenschaften oder in der theoretischen wissenschaftlichen Forschung der Fall ist.

Damit hat kein Typ der Nutzeffektsberechnung an sich absoluten Vorrang.

Mit der Durchführung des Zielprinzips bei der Meisterung des wissenschaftlich-technischen Fortschritts bekommt die Anwendung der bisher bekannten Verfahren sowie die Entwicklung von neuen eine höhere Qualität.

Die systembezogene Betrachtung der wissenschaftlichen Forschung, das heißt die Durchführung der Forschungsvorhaben im Hinblick auf ihre Überleitung und Anwendung, verzeichnet schon seit langem Versuche, die Effektivität der wissenschaftlichen Forschung zu erhöhen. Dazu gehören in erster Linie die Anwendung der Netzplantechnik und die

[28] L'vov schlägt eine konkretere Klassifikation der Technik vor: grundsätzlich neue Technik (die Technik, die die Arbeitsprinzipien einer Maschine qualitativ ändert), die neueste Technik (neuen Antriebsart), neue Technik (neuer Typ der Transmissionen und des Steuerungssystems), Technik des bestehenden Niveaus (Modifikationen der bestehenden Technik), zitiert bei Lebedev, a. a. O., S. 17.

Algorithmierung von Prozessen der Entscheidungsfindung bei der Bestimmung von Forschungsaufgaben.[29]

Sowohl die Netzplantechnik als auch die Algorithmierung der Prozesse der Entscheidungsfindung gehören zu den Instrumenten der Durchführung von komplexen Aufgaben des wissenschaftlich-technischen Fortschritts.

Die Komplexität und der Umfang der durchzuführenden Aufgaben innerhalb eines komplexen Forschungsvorhabens lassen in der Regel keine direkte Ja/Nein-Beantwortung von Fragen innerhalb eines Algorithmus der Entscheidungsfindung zu. Solche Fragen wie Bedarfsermittlung, Ermittlung der zukünftigen Produktionsstruktur, Marktforschung – insbesondere auf den Außenmärkten – grobe Schätzungen der erforderlichen Investitionen und Arbeitskräfte, des wissenschaftlich-technischen Standes usw. erfordern die Suche, Speicherung, Aufbewahrung, das Wiederauffinden bestimmter Informationen innerhalb großer Informationsmassive, die für die Entscheidungsfindung nach Bedarf zur Verfügung gestellt werden müssen.

Es werden dabei mehrere Möglichkeiten in Form von Varianten in Erwägung gezogen. Es ist ein Komplex von Maßnahmen der Organisation, Leitung und Planung damit verbunden, der mit einer bestimmten Variante zusammenhängt. Mit anderen Worten: Um die Möglichkeit von Fehlentscheidungen und damit großer volkswirtschaftlicher Verluste bei der Durchführung von komplexen Vorhaben des wissenschaftlich-technischen Fortschritts zu vermindern, muß der Prozeß der Vorbereitung von Entscheidungen mit bestimmten Informationssystemen in Verbindung gebracht werden.

Damit verläuft der Entscheidungsprozeß bei den komplexen Vorhaben des wissenschaftlich-technischen Fortschritts in folgenden Schritten:

– Vorbereitung von Entscheidungen in Varianten;
– Simulation der Entscheidungsfindung, bezogen auf die einzelnen Varianten;

[29] Vgl. zum Beispiel Gericke, R., Schilling, G., Entscheidungsmodell für Forschungs- und Entwicklungsaufgaben, in: Informationsheft des Ökonomischen Forschungsinstituts der Staatlichen Plankommission, 5/1967.

- Simulation der Durchführung einer Entscheidung, das heißt Durchspielen einer Entscheidung auf der Basis von bestimmten Informationen und Einbeziehung des Komplexes von Maßnahmen zur Organisation, Leitung und Planung in diese Simulation. Die Simulation muß dabei die realen Situationen und Folgeprozesse möglichst vollständig imitieren.
- Rückkopplung der Ergebnisse der Simulation zur Vorbereitung von Entscheidungen mit dem Ziel der Korrektur der vorhandenen oder der Aufnahme einer neuen Variante.

Schlußbemerkungen

Die auf den vorhergehenden Seiten vorgenommene, bei weitem unvollständige Aufzählung von Merkmalen und Besonderheiten der wissenschaftlichen Forschung läßt erkennen, daß folgendes erforderlich ist:

- Systemherangehen bzw. Systemanalyse bei der Lösung komplexer Probleme des wissenschaftlich-technischen Fortschritts;
- ein hohes fachliches Wissen in Verbindung mit der Anwendung des dafür benötigten Instrumentariums, das den Besonderheiten der wissenschaftlichen Forschung Rechnung trägt;
- hohe Flexibilität und Reaktionsvermögen auf die neuen Entscheidungssituationen, die durch den wissenschaftlich-technischen Fortschritt hervorgerufen werden.

Die bereits vorhandenen sowie zu erwartenden Voraussetzungen für die Lösung der komplexen Probleme des wissenschaftlich-technischen Fortschritts scheinen bei erster Betrachtung befriedigend zu sein: Große Fortschritte der Wissenschaft sind offensichtlich; man verfügt gegenwärtig über erfahrene Spezialisten sowohl in der wissenschaftlichen Forschung als auch in der Wirtschaftspraxis; die Entwicklung der EDV, eines der wesentlichen Merkmale der wissenschaftlich-technischen Revolution, zeigt neue Dimensionen in der Beherrschung der Komplexität. Diesen unbestreitbaren Erfolgen der Wissenschaft, deren Reihe fortgesetzt werden kann, stehen jedoch Probleme gegenüber, die das Wirksamwerden der Forschungsergebnisse ernsthaft beeinträchtigen können, wenn sie ungenügend berücksichtigt werden.

Es besteht zwar ein umfangreicher Fundus an nationalen und internationalen wissenschaftlichen Erkenntnissen, deren Nutzbarmachung jedoch komplizierte Fragen aufwirft. Oft kann der Versuch ihrer Umsetzung in die Praxis eine Informationslawine auslösen, die nur noch schwer zu beherrschen ist. Es können dabei Fälle auftreten, in denen durch den Umfang der Information die Entscheidungsfindung eher erschwert als erleichtert wird.

Es gibt eine große Anzahl von Spezialisten verschiedener Fachrichtungen, Wissenschaftsgebiete und Qualifikationen. Sie sind jedoch sogar innerhalb eines Landes territorial getrennt und bekleiden unterschiedliche Stellungen an Universitäten, Instituten und in Betrieben, vertreten nicht selten verschiedene wissenschaftliche Auffassungen. Die Effektivität der Lösung gesellschaftlicher Probleme der Zukunft wird im wesentlichen davon abhängen, wie es gelingt, nationale und internationale wissenschaftliche Erkenntnisse auf die Lösung bestimmter komplexer Probleme auszurichten, die Wissenschaftler und andere Spezialisten verschiedener Institutionen miteinander und mit den Vertretern der Praxis ins Gespräch zu bringen.

Wichtige Probleme der Leitung kommen hinzu, die mit dem zunehmend intensiven Charakter der Entwicklung der Volkswirtschaft unter den Bedingungen der wissenschaftlich-technischen Revolution ebenfalls komplexer werden.

Dieses alles macht die gegenwärtigen Bestrebungen vor allem im Rahmen der sozialistischen ökonomischen Integration deutlich, in Verbindung mit den gestellten Zielen Systemlösungen anzustreben, die der Vervollkommnung der Leitungs- und Planungsmethoden dienen.

Literaturverzeichnis

Ambarzumjan, V. A., Kasjutinskij, V. V., Problemy metodologii estestvennonaučnogo poiska, in: Voprosy filosofii, 2/1971.

Autorenkollektiv, Akkumulationsprobleme der technischen Revolution, Berlin 1966.

Autorenkollektiv, Philosophie und Prognostik, Berlin 1968.

Autorenkollektiv, Sistema kompleksnogo planirovanija, in: Ėkonomika i matematičeskie metody, 3/1972.

Ayres, R., Technological Forecasting and Long-Range Planning, New York 1969.

Bagrij, P. I., Dynamik und Struktur der gesellschaftlichen Produktion im Sozialismus, Berlin 1974.

Bernal, J. D., Die Wissenschaft in der Geschichte, Berlin 1961.

Breżnev, L. I., Rechenschaftsbericht des Zentralkomitees der Kommunistischen Partei der Sowjetunion, Moskau/Berlin, 1971.

Breżnev, L. I., Auf dem Wege Lenins, Berlin 1972.

Breżnev, L. I., Das Sowjetvolk zeigt der Menschheit neue Horizonte und neue hohe Ideale, in: Neues Deutschland, v. 22. 12. 1972.

Bykov, A., Die wissenschaftlich-technische Integration der sozialistischen Länder, in: Sowjetwissenschaft, 9/1972.

Čelovek-nauka-technika, in: Voprosy filosofii, 8/1972.

Dobrov, G., Wissenschaftswissenschaft, Berlin 1969.

Dobrov, G., Prognostik in Wissenschaft und Technik, Berlin 1971.

Dokumente RGW, Berlin 1971.

Ėffektivnost' naučnych issledovanij, Sammelband, Moskau 1968.

Ėkonomičeskie problemy ėffektivnosti nauki, Sammelband Moskau 1971.

Engels, F., Herrn Eugen Dührings Umwälzung der Wissenschaft (Anti-Dühring), in: MEW, Bd. 20, Berlin 1962.

Engels, F., Dialektik der Natur, in: MEW, Bd. 20, Berlin 1962.

Fedorenko, N., Maiminas, E., K organizacii processov prinjatija ėkonomičeskich rešenij, in: Voprosy ėkonomiki, 3/1971.

Fedorenko, N., K voprosu o postrojenii sistemy optimal'nogo perspektivnogo planirovanija narodnogo chozjajstva in: Vestnik akademii nauk SSSR, 5/1971.

Fedoseev, P. N., F. Engels i dialektika obščestvennogo razvitija, in: Voprosy filosofii, 2/1971.

Gericke, R., Ökonomisch begründete Entscheidung in der Industrieforschung, Berlin 1968.

Gericke, R., Schilling, G., Entscheidungsmodell für Forschungs- und Entwicklungsaufgaben, in: Informationsheft des Ökonomischen Forschungsinstituts der Staatlichen Plankommission der DDR, 5/1967, Berlin.

Gvišiani, D. M., Organisation und Leitung, Berlin 1974.

Gvišiani, D. M., Mikulinskij, S. R., Jaroševskij, M. G., Sozial'nye i psichologičeskie aspekty dejatel'nosti učenogo, in: Voprosy filosofii, 3/1971.

Gößler, K., Erkennen als sozialer Prozeß, in: Deutsche Zeitschrift für Philosophie, 5/1971.

Hager, K., Die entwickelte sozialistische Gesellschaft, Berlin 1971.

Hager, K., Sozialismus und wissenschaftlich-technische Revolution, Berlin 1972.

Hager, K., Das „Manifest der Kommunistischen Partei" und der revolutionäre Weltprozeß, in: Neues Deutschland v. 16. 3. 1973.

Haberland, F., Haustein, H.-D., Die Prognostik als neues Element der Führungstätigkeit zur Meisterung der wissenschaftlich-technischen Revolution, Berlin 1968.

Haustein, H.-D., Prognoseverfahren in der sozialistischen Wirtschaft, Berlin 1970.

Haustein, H.-D., Hartmann, W.-D., Bewertung wissenschaftlicher Entwicklungsrichtungen in der sozialistischen Industrie, Manuskript, Berlin 1972.

Haustein, H.-D., Probleme der Anwendung der Heuristik in der sozialistischen Wirtschaftsführung, Berlin 1970.

Honecker, E., Bericht des Zentralkomitees an den VIII. Parteitag der Sozialistischen Einheitspartei Deutschlands, Berlin 1971.

Honecker, E., Fragen von Wissenschaft und Politik in der sozialistischen Gesellschaft, Berlin 1972.

Ignat'ev, A., Nauka kak ob'ekt upravlenija, in: Voprosy filosofii, 11/1971.

Informacija, Sammelband, Moskau 1968.

Jantsch, E., Technological Forecasting in Perspective, (OECD) Paris 1967.

Jefimov, K., Uljanov, N., Naučno-techničeskij progress v promyšlennosti, in: Planovoe chozjajstvo, 4/1972.

Jefimov, K., Wege zur Beschleunigung des wissenschaftlich-technischen Fortschritts, in: Sowjetwissenschaft, 9/1972.

Kamšilov, L. I., Naučno-techničeskij progress i ėvoljucija biosfery, in: Voprosy filosofii, 4/1972.

Kedrov, B. M., Otnošenie meždu fundamental'nymi i prikladnymi naukami, in: Voprosy filosofii, 2/1972.

Kedrov, B. M., K stoletniju otkrytija D. I. Mendeleevym periodičeskogo zakona, in: Vestnik akademii nauk SSSR, 3/1969.

Kedrov, B. M., Istorija nauki i principy ee issledovanija, in: Voprosy filosofii, 9/1971.
Kedrov, B. M., O naukach fundamental'nych i prikladnych, in: Voprosy filosofii, 10/1972.
Keldyš, M. V., Rešenija XXIV s'esda KPSS i zadači akademii nauk SSSR, in: Vestnik akademii nauk SSSR, 7/1971.
Klaus, G., Kybernetik und Erkenntnistheorie, Berlin 1966.
Klaus, G., Spezielle Erkenntnistheorie, Berlin 1965.
Klaus, G., Die Macht des Wortes, Berlin 1969.
Klotsch, H., Zur Dialektik von Bedürfnis, Interesse und Ziel im Sozialismus, in: Deutsche Zeitschrift für Philosophie, 2/1972.
Komlev, N. G., Nastuplenie na slovo, in: Voprosy filosofii, 11/1971.
Kopnin, P., Marksistsko-leninskaja teorija poznanija i sovremennaja nauka, in: Voprosy filosofii, 3/1971.
Kopnin, P., V. I. Lenin, logika nauka, in: Voprosy filosofii, 4/1970.
Kosel, G., Produktivkraft Wissenschaft, Berlin 1957.
Kosolapov, V. V., Informacionnoe obespečenie i prognozirovanie nauki, Kiev 1970.
Kosygin, A. N., Direktiven zum Fünfjahrplan für die Entwicklung der Volkswirtschaft der UdSSR in den Jahren 1971—1975, Moskau/Berlin 1971.
Kröber, G., Leitko, G., Naukovedenie, teorija nauki i marksistsko-leninskaja filosofija, in: Voprosy filosofii, 8/1971.
Kuczynski, J., Studien zur Wissenschaft von den Gesellschaftswissenschaften, Berlin 1972.
Kuraev, V. I., Vzaimootnošenie soderžatel'nych i formal'nych komponentov v postrojeni i razvertivani i naučnych teorij, in: Voprosy filosofii, 11/1971.
Kusicka, H., Leupold, W., Industrieforschung und Ökonomie, Berlin 1966.
Lange, A., Ausgewählte volkswirtschaftliche Probleme der Forschung und Entwicklung, in: Mitteilungen zu wissenschaftsökonomischen Untersuchungen, Hochschule für Ökonomie, Berlin, 9/1972.
Lange, O., Einführung in die ökonomische Kybernetik, Berlin 1968.
Lange, O., Ganzheit und Entwicklung in kybernetischer Sicht, Berlin 1969.
Langendorf, M., Untersuchungsgegenstand Wissenschaft, Deutsche Akademie der Wissenschaften zu Berlin, Berlin 1968.
Lebedev, V. G., Narodnochozjajstvennaja ėffektivnost' razvitija techniki, Moskau 1971.
Lenin, V. I., Materialismus und Empiriokritizismus, in: Werke, Bd 14, Berlin 1962.
Lenin, V. I., Karl Marx, in: Werke, Bd 21, Berlin 1960.
Lenin, V. I., Entwurf eines Planes wissenschaftlich-technischer Arbeiten, in: Werke, Bd 27, Berlin 1960.

Lenin, V. I., Rede in der Sitzung der Kommunistischen Fraktion des Gesamtrussischen Zentralrates der Gewerkschaften am 15. März 1920, in: Werke, Bd 36, Berlin 1962.

Lenin, V. I., Über die Bedeutung des streitbaren Materialismus, in: Werke, Bd 33, Berlin 1962.

Lenin, V. I., Leo Tolstoi als Spiegel der russischen Revolution, in: Werke, Bd 15, Berlin.

Lenin, V. I., Philosophische Hefte, in: Werke, Bd 38, Berlin 1964.

Lilie, H., Probleme der Leitung und Planung von Wissenschaft und Technik, in: Wirtschaftswissenschaft, 11/1971.

Maiminas, E. S., Planungsprozesse, Informationsaspekt, Berlin 1972.

Mansfield, E., Ėkonomika naučno-techničeskogo progressa, Moskau 1970.

Marx, K., Das Kapital, Bde I, II, III, Berlin 1963 bis 1965.

Melešenko, J. S., Technika i zakonomernosti ee razvitija, Leningrad 1970.

Mikulinsky, S. P., Markova, L. D., O različnom ponimanii dvižušich sil razvitija nauki, in: Voprosy filosofii, 8/1971.

Müller, J., Grundfragen der systematischen Heuristik, Berlin 1970.

Nikolajew, V., Forschung und Entwicklung im Imperialismus, Berlin 1972.

Nikolajew, V., Gericke, R., Internationale Vergleiche in Forschung und Entwicklung, ZIID, Berlin 1967.

Nikolajew, V., Die Zielbaummethoden — neue Möglichkeiten der Prognostik, in: Technische Gemeinschaft, 3/1969.

Nikolajew, V., Zur Lösung komplexer Aufgaben des wissenschaftlich-technischen Fortschritts auf der Grundlage des Systemherangehens, in: Wirtschaftswissenschaft, 12/1972.

Nikolajew, V., Metody strukturirovanija prognoznoj informacii, in: Informacija i modeli struktur upravlenija, Sammelband, Moskau 1972.

Nikolajew, V., Entwicklung der wissenschaftlichen Forschung in der UdSSR, in: Fertigungstechnik und Betrieb, 12/1972.

Nikolajew, V., Schilling, G., Forschung und Entwicklung und die Entwicklung des Nationaleinkommens, in: Ideen, Projekte, Produktionen (Sammelband), Berlin 1969.

Philosophisches Wörterbuch, Bde I, II, Leipzig 1971.

Der XXIV. Parteitag der KPdSU und die Entwicklung der marxistisch-leninistischen Theorie, Berlin 1971.

Plechanov, G. V., Über die Rolle der Persönlichkeit in der Geschichte, Berlin 1957.

Ponomarjov, V. N., Das „Manifest der Kommunistischen Partei" und die Gegenwart, in: Neues Deutschland, v. 16. 3. 1973.

Price, D. J. de Solla, Little Science, Big Science, New York/London 1963.

Reinhold, O., Der historische Platz der entwickelten sozialistischen Gesellschaft, in: Einheit, 11/1972.

Sabelin, I. N., Nauka i čelovečestvo, Moskau 1970.

Schilling, G., Zu einigen Grundfragen der Ermittlung des Nutzeffekts von

Aufgaben des wissenschaftlich-technischen Fortschritts, in: Wirtschaftswissenschaft, 5/1971.
Schilling, G., Zur Entscheidungsvorbereitung von Aufgaben des wissenschaftlich-technischen Fortschritts, insbesondere der Nutzeffektermittlung, Ökonomisches Forschungsinstitut der Staatlichen Plankommission der DDR, Berlin 1970.
Schilling, G., Zu einigen Problemen der Weiterentwicklung des volkswirtschaftlichen Planungssystems unter besonderer Berücksichtigung der Planung des Forschungs- und Entwicklungspotentials und der Entscheidungsvorbereitung von Aufgaben des wissenschaftlich-technischen Fortschritts, Dissertation, Berlin 1970 (Ms.).
Schulz, G., Technische Revolution und Strukturwandel in der Industrie, Berlin 1966.
Seiler, R., Povyšenije ėffektivnosti issledovanii i razrabotok, Moskau 1967.
Seickert, H., Forschungsaufwand und Forschungsfonds — ihre Stellung im gesellschaftlichen Reproduktionsprozeß, in: Wirtschaftswissenschaft, 5/1971.
Seickert, H., Produktivkraft Wissenschaft im Sozialismus, Berlin 1973
Sieber, R., Söder, G., Politik und Ökonomie im sozialistischen Gesellschaftssystem, Berlin 1970.
Steeger, H., Die Gestaltung des sozialistischen Planungssystems in der DDR zur Durchführung der wissenschaftlich-technischen Revolution, in: Wirtschaftswissenschaft, 2/1971.
Steinitz, K., Zeitfaktor und Effektivität der sozialistischen erweiterten Reproduktion, in: Wirtschaftswissenschaft, 11/1965.
Steinitz, K., Garscha, J., Die Beziehungen zwischen dem Zeitfaktor und dem ökonomischen Nutzeffekt des wissenschaftlich-technischen Fortschritts, in: Schriftenreihe Planung und Leitung der Volkswirtschaft, Heft 18, Berlin 1966.
Stoph, W., Bericht zur Direktive des VIII. Parteitages der SED zum Fünfjahrplan für die Entwicklung der Volkswirtschaft der DDR in den Jahren 1971 bis 1975, Berlin 1971.
SŠA. Sovremennye metody upravlenija, Sammelband, Moskau 1971.
Trapeznikov, S. P., Leninism i sovremennaja naučno-techničeskaja revoljucija, in: Voprosy filosofii, 4/1970.
Volkov, V. N., Soziologie der Wissenschaft, Berlin 1970.
Wiener, N., Kybernetik. Regelung und Nachrichtenübertragung in Lebewesen und in der Maschine (Cybernetics or control and communication in the animal and the machine), Düsseldorf/Wien 1963.
Wissenschaft. Studien zu ihrer Geschichte, Theorie und Organisation, Berlin 1972.
Žamin, V. A., Ėkonomija i nauka socializma, Moskau 1971.
Zu Grundfragen der sozialistischen Wachstumstheorie, Berlin 1968.
Zuse, K., Wissenschaft und Rechenmaschine, in: Bild der Wissenschaft, 3/1970.

FSC
www.fsc.org
MIX
Papier | Fördert
gute Waldnutzung
FSC® C083411

Kolibri 360 GmbH
Ferdinand-Jühlke-Straße 7
99095 Erfurt, Deutschland
produktsicherheit@kolibri360.de